U0634942

青 少 年 百 科 丛 书

地 球 地 理

赵志远 主编

新疆美术摄影出版社

图书在版编目(CIP)数据

地球地理 / 赵志远主编. — 乌鲁木齐：新疆美术摄影出版社，
2011.12
（青少年百科丛书）
ISBN 978-7-5469-1978-2

Ⅰ.①地… Ⅱ.①赵… Ⅲ.①地球－青年读物②地球－少年读物
③地理学－青年读物④地理学－少年读物Ⅳ.①P183-49②③
K90-49

中国版本图书馆 CIP 数据核字（2011）第 253866 号

青少年百科丛书——地球地理

策　　划	万卷书香
主　　编	赵志远
责任编辑	孙　敏
责任校对	曹　静
封面设计	冯紫桐
出　　版	新疆美术摄影出版社
地　　址	乌鲁木齐市西北路 1085 号
邮　　编	830000
发　　行	新华书店
印　　刷	北京佳信达欣艺术印刷有限公司
开　　本	710 mm×1 000 mm　1/16
印　　张	10
字　　数	130 千字
版　　次	2012 年 1 月第 1 版
印　　次	2012 年 1 月第 1 次印刷
书　　号	ISBN 978-7-5469-1978-2
定　　价	19.80 元

本书的部分内容因联系困难未能及时与作者沟通，如有疑问，请作者与出版社联系。

目　录

地球万象

MU LU

目 录

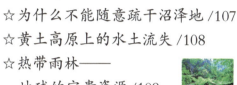

海洋探索

MU LU

地　球　万　象
DI QIU WAN XIANG

☆地球的圈层结构

　　整个地球不是一个均质体,而是具有明显的圈层结构。地球每个圈层的成分、密度、温度等各不相同。在天文学中,研究地球内部结构对于了解地球的运动、起源和演化,探讨其他行星的结构,以至于整个太阳系起源和演化问题,都具有十分重要的意义。

　　地球由表面向内依次分为地壳、地幔、地核。地球内部构造恰似一个桃子,外表的地壳是岩石层,相当于桃子皮,人类以及生物都生活在这里;地幔相当于桃子的果肉部分,是灼热的可塑性固体;地核相当于桃核,由铁、镍等金属物质或岩石构成。地核的外侧是液体,而内核具有固体的性质。地壳分为上下两部分,各部分的物质结构不同。地壳平均厚度约33千米,其体积占地球总体积的0.5%,是一种固态土层和岩石,称为岩石圈层。岩石圈层蕴藏着极丰富的矿藏资源,已探明的矿物达2000多种。

　　地幔分为上地幔层和下地幔层。地幔厚度从地面33~2900千米,占地球总体积的83.3%,温度高达1000℃~2000℃,内部压力9千至38.2万个大气压。上地幔层呈半熔岩浆状态。下地幔层呈固体状态。地壳和地幔主要由硅盐酸岩石物质组成。

　　地核又分为外核和内核。外核厚度

地球

在2900~5149千米之间,呈液态;再往下便是呈固态的内核。地球内层不是均质的,地球内部的密度要大得多,并随深度的增加,密度也出现明显的变化。地球内部的温度随深度而上升。根据最近的估计,在100千米深度处温度为1300℃,300千米处为2000℃。

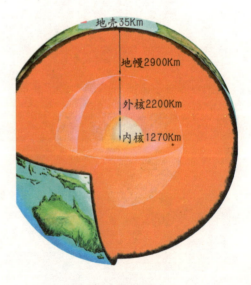

地壳35Km
地幔2900Km
外核2200Km
内核1270Km

地球的圈层结构

☆天有多高 地有多厚

通常，我们常用"天高地厚"来形容天地的广大辽阔。长期以来，"天有多高，地有多厚"人们众说不一。如今，随着科学技术的发展，这一难题已经得到解决。

前苏联9位科学家曾在1989年乘气球对天空颜色作了一次详细的观测。当他们从地面上升到8.5千米的高空时，天空一直是青色的；上升到10.8千米的高空时，天空成了暗青色；超过18千米高空之后，由于空气非常稀薄，光不发生散射，天空成了一片暗黑色，这时太阳和星星同辉。由此可见，青天离地面距离只有10千米左右。

地有多厚呢？这里的地指的是地壳。地壳由各种岩石组成，上部叫硅铝层。因各地的地壳结构不完全一样，所以厚度很不均匀。其中大陆地壳与海洋地壳差别最大。大陆地壳厚度是35千米，最厚的地区是我国西藏地区，厚度达60~80千米；海洋地壳很薄，平均不到27千米；太平洋地区最薄，仅4~7千米，全球地壳平均厚度是20千米左右。如果做一个鸡蛋那么大的地球仪，地壳比蛋壳要薄得多。

☆大气层有多厚

要问大气层有多厚，这很难准确地回答。有人说几百千米，有人说几千千米。不过，在几百千米的高空，空气已相当稀薄。可是，再往外层探索，那儿仍然存在着零零星星的空气分子、原子和离子。

大气层靠近地面的地方，空气比较稠密，到了离地面较远的地方，就逐渐稀薄起来，以至过渡到星际空间。所以，大气层没有明显的上层界限。

根据大气的温度、密度等方面的变化，可以把大气分成几层。

大气层的最上面的一层，称为散逸层。它是大气的外层，那里大气非常稀薄。散逸层以下是热层。热层的高度大约包括距地面85~500千米之间的空间范围。散逸层和热层的气温都比较高，而且气温随高度上升而增加。热层以下是中间层，它的高度约在50~85千米范围之内。这一层由于吸收到的太阳光能很少，所以特别寒冷。中间层以下是平流层，它的高度约

云层

在距地面10～50千米范围以内。这层大气层包含着一个臭氧层,由于臭氧吸收太阳光中的大部分紫外线,所以这一层的气温迅速上升。最下面的贴近地面的空气层叫对流层,它的厚度随纬度和季节有所变化,两极地区厚约7～10千米,赤道上空厚约16～18千米。

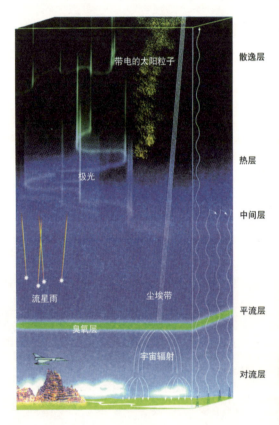

地球大气层

地球会毁灭吗

有人估计,地球的末日在未来的50亿年后。造成末日的因素有三:

1、人为的毁灭因素。如核子战争使二氧化碳大量增加,地球热量不能向外逸散,地表温度上升5～10摄氏度,南极的冰雪将融化,海洋水平面将升高50米,几乎所有陆地将被淹没。

2、自然毁灭因素。这又有两种情况:一是地壳的六块主要浮动层以每年4厘米的速度慢慢移动、互相碰撞,导致地震、火山爆发等灾害;二是2万年以后,地球将出现冰河期,即使在夏季,所有生物也不能生存。

3、来自太空的毁灭性打击。一是巨大的太空物体与地球相撞;二是由于潮汐作用,地球自转速度变慢。几亿年后,月球离地球只有16000千米,上千米高的巨浪将以每小时800千米的速度横扫地面,摧毁一切;三是50亿年内,太阳将变成一颗巨大无比的红色星体,把水星、金星及地球一起吞没。

☆ "大陆漂移" 学说的提出

如果你注意一下世界地图，就会发现南美洲的东海岸与非洲的西海岸是彼此吻合的，好像是一块大陆分裂后，南美洲漂出去后形成的。

20世纪初的一天，30岁的德国气象学家、探险家魏格纳在看世界地图时发现了这个现象。

他马上就被这个奇妙的现象吸引住了。南美洲的巴西的一块突出部分和非洲的喀麦隆海岸凹进去的部分，形状十分相似。如果移动这两个大陆，使它们靠拢，不正好吻合了吗？

"莫非是太古的时候，这两个大陆本就是一个？"这确实是一个前无古人的设想。因为一直以来人们就认为大陆是不动而又不变的。大陆会裂开，又会漂移，岂非成了奇谈怪论？

魏格纳为了证实自己的想法，开始大量收集证据，埋头钻研。事实不断地告诉他：各大陆边沿不但地形相似，而且动物相似，这种情况不但存在于南美洲和非洲之间，而且存在于亚洲、欧洲、澳大利亚和南极之间。经过两年的潜心研究，魏格纳确信，地球的大陆原先是一个整块，大约距今3亿年以前开始分裂、向东西南北移动，后来才成为现在这个模样。于是，他正式提出了"大陆漂移说"。

1915年，魏格纳发表了《大陆及海洋的起源》，充分论述了大陆漂移的学说。他

地球

地球有多重

人类一直想弄清楚地球的重量。直到18世纪末，英国科学家卡文迪什经过深入研究，认为利用万有引力定律才是测量地球重量唯一可行的办法。可是，在实验室里采用这个方法是极困难的。当时没有精密的度量仪器，测量中失之毫厘，结果会差之千里。卡文迪什冥思苦想，茶饭不思。一天，他看见几个小孩用镜子反射太阳光柱，小镜稍稍一动，远处的光斑就有了很大的位移。卡文迪什大受启发，根据这个原理改进了测量地球的仪器，使灵敏度大大提高。终于，他在1788年第一次"称"出了地球的重量，其数值是60万亿亿吨，与当今科学家测量出的地球重量59.8万亿亿吨，仅误差0.2万亿亿吨，可谓相差无几。

认为，全世界实际上只有一块大陆，称泛大陆。构成地壳的硅铝层比它下面的硅镁层轻，就像大冰山浮在水面上一样，又因为地球由西向东自转，南、北美洲相对非洲大陆是后退的，而印度和澳大利亚则向东漂移了。泛大陆的解体始自石炭纪，经二叠纪、侏罗纪、白垩纪和第三纪的多次分裂漂移，形成现在的七大洲四大洋。

在当时，魏格纳的学说不能被人们所接受。然而，此后科学新发现却进一步证明了魏格纳大胆的学说是有科学根据的。

地球增大知多少

我们居住的天体——地球，已约有46亿岁了，但它并不老，正是兴旺时期。它还在长个。首先是体积膨胀，据有关部门研究得知，它从出生到现在，半径增加了1/3，已达到6378千米；体重也在增加，每年从宇宙空间"吃"近4万吨宇宙灰尘"食物"，在未来的5亿年中重量将增加十万分之一。

3亿年以前

陆地靠拢，连成一片辽阔的大陆。↑

2亿年以前

泛古陆

大陆与大陆连成超级大陆，叫做泛古陆。→

1.5亿年以前

劳亚古陆

冈瓦纳古陆

大陆再次漂移分离，泛古陆分裂成两部分：劳亚古陆和冈瓦纳古陆。←

现在

现在，世界的面貌如图所示。不过，大陆仍在移动中。→

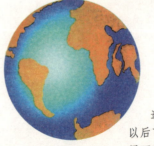

5000万年以后

这是5000万年以后可能出现的世界面貌。

地球演变过程

美国加利弗尼亚的圣安德列斯断层

它是美国板块和太平洋板块的交界处。它长1050千米，伸入地面以下约16千米，断层大部分是隐蔽的，但在有些地方留下了明显的断裂痕迹。上图是穿过旧金山以南约480千米的卡里索平原处的断层。

☆ 变为泥土的石头

形容一个人的感情、意念坚贞不渝，常用"海枯石烂心不变"这个词；形容一个物件坚实牢固，常说是"坚如磐石"。在人们的

出现裂隙的岩石

印象里，石头是十分坚硬不会变化的。

其实石头和其他东西一样，也是会烂的，不过石头烂掉要用很长很长的时间。我们看到的土、沙子、小石子，都是石头烂了以后变成的。

石头是怎么烂的呢？首先是温度的变化。白天太阳把石头晒得发烫，使其受热膨胀；一到晚上，气温下降，石头变冷收

风化作用

缩。由于石头表面和内部受热程度不同，因而岩石中各种矿物胀缩程度也不一样；时间一长，石头表层和内层就慢慢分离，一片片剥落下来；还会出现裂隙，而且裂缝越来越大。

其次是水对石头的破坏。雨水的浇淋、流水的冲蚀可以破坏石头，但更重要的是水变成冰的时候所产生的力量，能把石头劈裂。水变成冰的时候体积要膨胀，存在于石缝中的水结成冰以后，就像斧子一样能把石头慢慢劈开。水还能把石头里的许多矿物溶解，分化瓦解坚硬的石头。

再就是动植物也参与了对石头的破坏。植物的根不但像楔子一样使岩缝扩大，而且还吸收岩石里的矿物，使石头内部变得疏松。动植物遗体在腐烂过程中会腐蚀石头，细菌能产生硝酸、碳酸来毁坏岩石。

石头烂掉的过程叫做"风化"。经过漫长岁月的风化，坚硬的石头就慢慢变成了沙子和土。

☆河流侵蚀作用

大雨之后，本来平整的地面上出现了许多细小的水沟。这些细小的水沟，经过天长日久的、一次又一次的雨水冲刷，不断地扩大加深，逐渐成为大沟。而后，又逐渐演变为小溪和河流。这就是水的侵蚀作用。如果上述现象发生在坡度较大的山区，那么侵蚀作用的过程将会更加显著和迅速。

黄河龙门段的壮观景色

随着水流区域的扩大，它所具有的冲刷侵蚀能力也将不断地扩大。有人曾经估计过，在全世界，由于河流的侵蚀，陆地上每年要失去400亿吨的泥沙。

传说远古的时候，黄河在流向中原地

美国犹他州的圣胡安河经过侵蚀作用，已经深深下切。

区时，途经华山。由于华山的阻挡，不得不曲折绕道而行。河神巨灵大为恼火，便运用神力，拳打脚踢，硬是把华山一劈为二，使河水可以一直从华山通过。据说，巨灵劈山的掌足痕迹，至今还可以看到。

其实，这个劈山的巨灵不是别人，正是黄河自己。不仅是黄河，所有的河流都会依靠它自身的汹涌奔腾的冲击力，荡涤前进道路上的障碍，把岩石碎裂成泥沙，为自己开辟出前进的道路。也就是说，河流的巨大侵蚀能力，来自水流的冲击。如果流水中夹带着大量的泥沙和石块，那么它的侵蚀能力就会更大。

☆ 岩溶作用

芦笛岩，是广西桂林著名的游览景点。芦笛岩洞内，那姿态各异、斑斓多彩的石柱、石笋，构成了一幅幅充满诗情画意的景物，惟妙惟肖，使人如入神话中的仙宫。

这些大大小小、千姿百态的石钟乳、石笋、石柱都是岩溶作用的产物。岩溶，顾名思义，就是岩石受到了水的溶解和侵蚀。自然界中的各种岩石，绝大多数是不可溶的，但也有少数能被水所溶解，如岩盐、石膏、黄土和石灰岩等碳酸盐岩。对于普通水来说，石灰岩也几乎是不可溶的，但是当水中含有一定量的二氧化碳以后，水对石灰岩的溶解能力就提高了几十倍。不过，即使这样，石灰岩的溶解仍然是十分微弱的，是肉眼难于察觉的。经历漫长的地质岁月以后，才能在石灰岩地区形成规模极其宏大的各种岩溶地形：溶沟、溶槽、溶蚀漏斗、溶蚀湖、暗河、溶洞等。

在石灰岩地区，从地面上流入地下的水，大多已溶解有一定量的碳酸钙，当其到达溶洞时，由于环境中温度、压力的变化，水中含有的二氧化碳被释放出来，于是水对碳酸钙的溶解力降低，使本来溶解在水中的碳酸钙重新结晶析出；此外，滴落到溶洞中的水有时也会因蒸发而使水中的碳酸钙结晶析出。析出的碳酸钙若凝结在洞顶，向下生长，便成为石钟乳；若滴在洞底再凝结出来，向上积累，便成为石笋；石钟乳和石笋在形成过程中逐渐衔接成为一体，就是石柱。当然，实际情况要复杂得多。比如，由于滴水的石缝被析出的石钟乳所堵塞，或者地壳运动使得地形、水流以及渗水的通道发生了变化，致使水的滴落方向、速度、水量也随之发生变化。结果，有些才积累到一半的石钟乳和石笋不再继续生长了，有些却又在边上积累出新的石钟乳和石笋。这些先后形成的石钟乳、石笋和石柱相互交错、叠接，便构成了令人叹为观止的各种瑰异的景观。

广西桂林芦笛岩盘龙宝塔

☆ 海蚀作用

1831年7月,意大利西西里岛南边海域波涛汹涌,水汽弥漫,还不时发出闷雷般的响声,一股高高的烟柱从水面冲天而起。到了夜晚,这里更是光辉闪烁,奇丽无比。

一个星期后,海上新添了一座高出水面几米的小岛。消息传出,引来了来此考察的地质学家霍夫曼。他到达时,发现小岛已高出水面约20米。几天后,小岛又长高到海拔60米左右,周边长约1.852千米。

小岛的出现引起了周边国家的注意,它们都企图把小岛纳入自己的版图。然而,当外交官们正为小岛的归属问题争得面红耳赤时,小岛却像幽灵一般地失去了踪迹。

原来这个小岛的出现是火山作用的结果,构成小岛的岩石是由火山喷出物堆

海蚀作用

积而成的。这种新形成的火山堆积物大多比较疏松、不结实,因此在海浪的冲击侵蚀下,很快被摧毁、吞没了。

据测算,海浪冲击拍打海岸的力量,具有每平方米4～10吨的冲击力;如果风浪较大,冲击力可升高到每平方米几十吨,甚至更大。人们还曾观察到,一次大风浪把重达1370吨的混凝土块推移了10米;还曾把20吨重的混凝土块从4米深的海底抛上海岸,可见海浪的威力是多么惊人!海浪的冲蚀作用不仅可吞噬小岛,也能使海岸因侵蚀而后退。海岸岩壁在海浪的侵蚀下,不断地演化成为礁石,而礁石又不断地被海浪所吞噬,海岸的位置也就会向内陆退去。

法国埃特勒塔悬崖海蚀地貌

☆ 风蚀作用

在新疆准噶尔盆地的西北缘,有一个由红色、灰色、灰绿色、淡黄色等软硬相间的岩层所组成的高地。当风夹带着沙粒沿着岩石中的裂隙呼啸冲击时,每一颗沙粒就像是一把把利刃,刻蚀着裂隙两侧的岩石。其中较软的岩层经不起这千刀万刃的刻蚀,便留下了一道道划纹、沟槽,宛如人工砌成的砖墙。由于这里地处沙漠,人迹罕至,每当狂风骤起时,周围飞沙走石,一片迷茫;风过之处,犹如鬼哭狼嚎,人们称这里为"魔鬼城"。类似这样的"魔鬼城",在北非和中亚的沙漠中也可以看到。

其实,不仅"魔鬼城"是风这个伟大的建筑师所营造的,沙漠本身也是风侵蚀的结果。风会把其吹过地区的岩石,一点一点地刻蚀、剥落下来变为沙粒,再把沙粒携带到相对空旷的地方,由于风势的减弱或山脉的阻挡,这些沙粒就沉落下来。如果这些沙粒沉落的地区位于干旱的大陆内部,缺乏雨水和河流对这些沉落沙粒的再搬运,那么久而久之,沙粒就会越积越多,最终发展成为沙漠。

风的侵蚀能力一点不亚于流水。在狂风的携带下,一根松木能穿透1厘米厚的铁板,一根草秆也能穿透厚木板。因此,

当风携带着沙粒吹袭裸露岩石时所具有的威力是很大的。再加上这样的作用通常是千百万年来不停地进行着的。因此在狂风盛行的地区,有各种因风蚀作用而形成的地形,如风蚀洞、风蚀蘑菇、风蚀石林……甚至戈壁滩上的岩砾,都会因受到风沙的不断磨蚀,而被削出一个平面,形成十分独特的"风棱石"。

新疆魔鬼城地貌

☆地球上的山共有几种

如果我们坐飞机环绕地球飞行，我们就会发现大陆表面起伏不平，一座座山脉拔地而起，直插云霄。我国是个多山的国家，许多大山千姿百态，雄伟壮丽。有些山地，森林茂密，满目苍翠；有些山峰，冰雪覆盖，一片银白。在我国既有像喜马拉雅山脉、天山山脉那样的高大山脉，也有众多的高度仅有二三百米的丘陵。地球上的山脉各种各样，人们为了便于区分，就根据其形成原因把地球上的山分成三大类，即火山、褶皱山和断层山。

火山是由地下喷出地表的熔岩形成

新疆天山托木尔峰

的。地壳中的岩浆在强大的内压力下，会冲破覆盖在它上面的岩石，喷出地表，这就是我们所说的火山喷发。在火山爆发时，大量的熔岩喷出地表，在火山口周围堆积起来，形成了高大的山脉，这就是我们所说的火山。例如日本的富士山，就是由火山喷发而形成的。世界上最高的火山是位于南美洲阿根廷境内的阿空加瓜火山，高度为6960米。我国也有许多火山，例如长白山脉的白头山、台湾大屯山群的七星山，都是我国著名的火山。

褶皱山是地表的岩层被挤压弯曲，向上隆起而形成的。如果我们轻轻地把一张书页往书的中缝推，它就会形成一个向上翘的"斜坡"。同样道理，如果岩层受到挤压，也会上翘隆起而形成山脉。我们知道，地壳不是静止不动的，而是处于运动状态当中。随着地壳的运动，一块大陆的板块便会与另一块板块相遇并发生碰撞挤压，从而形成一系列高大的褶皱山。例如我国西南边境上的喜马拉雅山脉，就是一个典型的褶皱山，它是由亚欧板块和印度洋板块相互挤压而形成的。另外，美洲大陆西海岸的安第斯山脉，也是一个典型的褶皱山，它是由太平洋板块与美洲板块相互挤压碰撞而形成的。

断层山是因为地表大面积的岩层发

生断裂,断层面两侧的岩层相对下降,中间岩层相对上升而形成的。断层主要是由于地壳在运动过程中,所产生的强大压力和张力,超过了岩石的承受能力,从而使岩层发生断裂。我国的庐山、泰山就是典型的断层山。

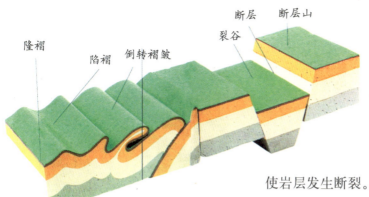

隆褶　陷褶　倒转褶皱　裂谷　断层　断层山

山的形成示意图

当地壳发生剧烈的挤压形成褶皱,或者大规模地抬升与沉降时,山便形成。不同形状的岩层有不同的名称。地壳隆起形成褶皱山,地壳断裂形成断层山和裂谷。

山的概况

地球陆地的表面,有许多蜿蜒起伏、巍峨奇特的群山。山由山顶、山坡和山麓三个部分组成,平均高度都在海拔500米以上。它们以较小的峰顶面积区别于高原,又以较大的高度区别于丘陵。这些群山层峦叠嶂,群居在一起,形成一个山地大家族。

山地的表面形态奇特多样,有的彼此平行,绵延数千千米;有的相互重叠,犬牙交错,山里套山,山外有山,连绵不断。山地的规模大小也不同,按山的高度分,可分为高山、中山和低山。海拔在3500米以上的称为高山,海拔在1000~3500米的称为中山,海拔低于1000米的称为低山。

☆雄伟的落基山脉

北美洲地势最高的地方位于大陆西部,是整个美洲科迪勒拉山系的北段,从东到西由三条山带组成。这三条山带均是南北向延伸。

东带为落基山脉,海拔2000~3000米,其东部边缘有许多海拔超过3000米的山峰,南北长达4800千米。中带北起阿拉斯加山脉,向南为加拿大的海岸山脉,到美国为喀斯喀特山脉和内华达山脉。北美最高峰就位于中带阿拉斯加山脉西部。西带南起美国的海岸山脉,向北入海形成加拿大西部沿海岛屿。

东带和中带之间为高原和内陆盆地。如哥伦比亚高原、美国的科罗拉多高原以及大盆地等,就是典型的例子。

这三条山带之中,以东带的落基山脉最为雄伟,其东部边缘排列着一系列海拔超过 3000 米的高峰。落基山脉是美国太平洋水系和大西洋水系的分水岭。

落基山脉中最令人神往的地方就是黄石公园。它位于加尼特峰的北部，即北落基山脉和中落基山脉之间。黄石公园为山间盆地，海拔 2500 米左右，地表覆盖着熔岩，温泉广布，有数百个间歇泉，水温达 85℃ 左右。

雄伟的落基山

☆ "珠穆朗玛"是什么意思

珠穆朗玛峰位于我国同尼泊尔交界的边境线上，海拔 8844.43 米，是地球上最大的山脉——喜马拉雅山的主峰，也是世界的最高峰。它像一座巨型的金字塔，巍然耸立在白雪皑皑的喜马拉雅群峰之上，100 多千米之外就能清楚地看到它的顶峰。在它周围有许多正在发育的现代冰川，地形险峻，人迹罕至，峰顶终年积雪，气候多变。它究竟有些什么奥秘，在过去人们知道得很少，许多登山家、探险家和科学家对它有着很大的兴趣，把它和地球上的南北两极相比，称之为"第三极"。

最早到达珠穆朗玛峰地区的是我国藏族人民。早在 1000 多年以前，他们就到达了珠穆朗玛峰下，在那里建立了寺庙和房屋并定居下来，我国清代编制的"皇舆全览图 (1721)"，就已经很精确地标出了珠穆朗玛峰的地理位置，图上称其为"朱母朗马阿林"，这就是珠穆朗玛峰最早的汉译名称。

在藏语中，"珠穆"是女神的意思，"朗

珠穆朗玛峰登山大本营

雄伟的珠穆朗玛峰

玛"是排行第三的意思。

远在我国清朝康熙五十六年，即1717年，清朝理藩院主事胜住会同喇嘛在绘制西藏地图时，就使用了藏族人民的传统名称"珠穆朗玛"，而在此之后过了100多年，即1852年，担任英帝国印度测绘局局长的一个叫埃费勒斯的英国人，未得到当时中国政府的许可，对我国喜马拉雅山进行了测绘，并

硬说他"发现"了喜马拉雅山区这个最高的山峰。1855年，英帝国主义公然在其出版的地图上以"埃费勒斯"命名该峰，妄图否认早在他们之前100多年，中国人民就已正式命名过珠穆朗玛峰这一事实。

1960年5月25日我国运动员首次从北坡登上珠峰以后，西方地理界也开始采用"珠穆朗玛"这个名称了。

☆ "自古华山一条路"

华山又名太华山，位于陕西中部的华阴县南。它北临黄河，南倚秦岭山脉，是一座以"险"著称的名山。它的主体山峰就像一块直刺苍穹的巨石，四面如削，拔地通天。主峰海拔2154.9米，只有一条陡峭的石坡岭脊通达峰顶。这是为什么呢？

原来，华山位于秦岭北坡的黄甫峪与

仙峪之间的分水岭上，东西两侧受流水深切，谷底至峰顶高差达千米左右，谷坡陡峭，上部多为高大悬崖，崖壁裸露光滑，登山者无立足之地。柱峰（南峰与西峰）之南为断层所割，有深达500米的鸿沟与南面山岭相隔，因此东西南三面地形均缺少可利用的开路条件。而柱峰顶因受原始坡面影响向北倾斜,由于流水浸蚀,形成了诸峰环绕的小洼地,集水向北倾泻,塑造出柱峰北麓的华山峪,而华山顶峰与北峰之间又正好存在一条比较完整的华山峪与黄甫岭的分水岭——苍龙岭。因此人们利用从山麓到峰顶出现的三种截然不同的地形修建了山路。在青柯坪以下的山路,基本上沿着砾石堆积层和岩坎开辟出来的。从青柯坪离开峪谷,开始沿陡峭的山坡凿石为级,架设天桥,打通了登上北峰的险道。由北峰往南则是利用与柱峰相连的分水岭脊,开辟出登上峰顶的"天梯"。

华山

☆黄山"四绝"

举世闻名的风景胜地黄山,以奇松、怪石、云海和温泉最引人入胜,堪称"四绝"。

黄山松

黄山松,刚毅挺拔,苍劲有力,千姿百态;黄山怪石,星罗棋布,形态各异;黄山云海,茫茫一片,时而似万马奔腾,时而风平浪静,令人捉摸不透;黄山温泉更是人们赞美的"主角",传说古代的轩辕皇帝曾到黄山温泉沐浴,结果白发变黑,返老还童。

黄山为什么会形成"四绝"呢?那是因为黄山的松树为适应悬崖峭壁的自然环境,其根能穿透石层或沿石缝生长,树干、树冠为争夺空间,形成独特的形态美。黄山的石,是因为黄山曾是一片汪洋,后因地壳变动,地下岩浆喷出才形成山体。经若干年地壳不断上升,山体露出地面,并发生过断裂和陷落,再经千百万年风吹雨淋,日晒冰冻,终于变为如今的怪石林立、岩壁

张家界主要的游览景点有黄狮寨、腰子寨、袁家界、砂刀沟、金鞭溪、天子山、宝峰湖等。峰林奇异是张家界景观的一大特点。在方圆13300多平方千米的范围内，举目望去，满目岩峰，陡峭嵯峨，峰峰依傍，层层相迭，势如虎跃龙腾，波涌云流。大自然的鬼斧神工，在峦峰涧溪间造就了无数处若人若仙、似禽似兽的神奇造型。南天柱、夫妻岩、碎罗汉、定海神针、武士驯马、天书宝匣、劈山救母、神鹰护鞭等景点，造型奇特，惟妙惟肖，给人以无限的遐想。

张家界的石岩峰林景观，在布局上也自成章法，整个景区内，千峰万壑，如一物垒成，不掺杂石，而峰石之间，既形态各异，又相互对立，观之仿佛是经过艺术大师的着意安排似的，令人赞叹。

黄山飞来石

拔峭的奇峰怪石。再说黄山的云雾，则是由于黄山地区林密、谷深，许多地方阳光照不到，水分不易蒸发，故湿度大、水汽多，因而多云雾。黄山的泉，是因为它位于紫云峰下，出水量大，每小时约48吨，而且经久不减。其水质以含重碳酸为主，常年水温42℃，不仅可以饮用、沐浴，还具有一定的医疗价值。

☆ 张家界的大峰林

张家界，位于我国湖南西北部，是国家第一个森林公园所在地。这里，3000座奇峰拔地而起，岩峰的四边如斧砍刀削般齐整而又形态各异。各个幽谷间，一年四季，泉流瀑泻，构成了一幅幅奇特而美妙的图画。

张家界景观"武士驯马"

☆为什么中国也多发地震

中国位于世界两大地震带——环太平洋地震带与欧亚地震带之间,受太平洋板块、印度洋板块和菲律宾海板块的挤压,地震断裂带发育十分成熟。20世纪中国共发生6级以上地震近800次,遍布除贵州、浙江两省和香港特别行政区以外的所有的省、自治区、直辖市。中国地震活动频度高、强度大、震源浅、分布广,故而震灾较为严重。1900年以来,中国死于地震的人数达55万之多,占全球地震死亡

1994年美国洛杉矶地震时遭到破坏的高速公路

人数的53%。1949年以来,100多次破坏性地震袭击了22个省(自治区、直辖市),其中涉及东部地区14个省份,造成27万余人丧生,占全国各类灾害死亡人数的54%;地震成灾面积达30多万平方千米,房屋倒塌达700万间。地震及其他自然灾害的严重性构成了中国的基本国情之一。

板块与地震的分布

从地球整体来看,板块的交界处地震多发。我国地处两条地震带之间,部分地区还在地震带上,所以是一个多地震国家。

我国的地震活动主要分布在五个地区的23条地震带上。这五个地区是:台湾省及其附近海域;西南地区,主要是西藏、四川西部和云南中西部;西北地区,主要在

甘肃河西走廊、青海、宁夏、天山南北麓；华北地区，主要在太行山两侧、汾渭河谷、阴山——燕山一带、山东中部和渤海湾；东南沿海的广东、福建等地。我国的台湾省位于环太平洋地震带上，西藏、新疆、云南、四川、青海等省区位于喜马拉雅——地中海地震带上，其他省区也处于相关的地震带上。中国地震带的分布是制订中国地震重点监视防御区的重要依据。

☆ 地震与海啸

由风暴或海底地震造成的海面巨浪涌入陆地，这就是海啸。涌入陆地的波浪高度可因海湾的形状而不同。比如，三面陆地一面海的"V"字形海湾入口处的浪高一般为海湾里的3～4倍。

海啸

1933年日本三陆发生地震时就出现了海啸，当时的海浪最高达25米。而像东京湾那种蜂腰状的海湾内，浪高只有其他海湾的1/2。相比之下，这种海湾还是比较安全的。

不仅地震能引起海啸，而且海底的火山喷发也能引起海啸。另外，在进行核试验的海域里，也会因爆炸所引起的振动（气压变化）而形成海啸。

海啸爆发时的情景

☆火 山

地球内部充满着炽热的岩浆。在极大的压力下,岩浆便会从薄弱的地方冲破地壳,喷涌而出,就造成火山爆发。

火山可分为活火山、死火山和休眠火山。坦博拉火山和夏威夷群岛上的火山,现在还在活动,是活火山。死火山是指史前有过活动,但历史上无喷发记载的火山。我国境内的600多座火山,大都是死火山。有些火山在历史上有过活动的记载,但后来一直没有活动,这种火山就称作休眠火山。休眠火山可能会突然"醒来",成为活火山。

猛烈的火山爆发会吞噬、摧毁大片土地,把大批生命、财产烧为灰烬。可是令人惊讶的是,火山所在地往往是人烟稠密的地区,日本的那须火山和富士火山周围就是这样。原来,火山喷发出来的火山灰是很好的天然肥料,富士山地区的桑树长得特别好,有利于养蚕业;维苏威火山地区则盛产葡萄。火山地区景象奇特,往往成为旅游胜地。

在人类能够控制火山活动之前,加强预报是降低火山灾害的唯一办法。科学家对火山爆发问题的研究,常常得益于动植物的某种突然变化。许多动物往往在火山爆发之前就纷纷逃离远去,似乎知道大祸即将来临。印度尼西亚爪哇岛上有一种奇妙的植物,在火山爆发之前会开花,当地居民把它叫做"火山报警花"。

1980年美国圣海伦斯火山爆发瞬间

☆火山的好处

火山爆发会破坏建筑、吞噬生命、改变气候、带来水旱灾害,这是众所周知的,但是,火山也能造福人类。科学家研究表明,要是没有火山,就没有如今的世界板块,人类就有灭亡的危险。

如果没有火山和其他力量使大地隆起而形成山,大地就会不断地遭到雨水冲刷,整个陆地就会渐渐低于海洋,土壤中的碳、硫等生物所需的成分会不断地被雨水冲刷走,如果土壤中没有了碳,地球上的

法国奥佛涅地区火山公园景色

生物都会灭绝。如果没有二氧化碳,地球就会冷却,变成永久的冰川,而火山释放出的二氧化碳占地壳表面进入大气中的二氧化碳总量的1/10。

火山的另一个功劳是把地下蕴藏的矿产带到地面,形成矿床。我国鞍山铁矿的选矿地,原来就是海底火山。南京梅山铁矿、马鞍山铁矿、浙江平阳的明矾矿,其形成也有赖于火山的搬运。意大利西西里岛有座活火山,每天喷出的气焰中含有白银成分;南极大陆的雷布斯火山灰中含有纯金;南非和西伯利亚的火山灰中有大量钻石晶体。我国云南的腾冲火山,每年要输出5000多吨硫磺。

火山还向人们提供贵重的化工原料,如镁、锂、铜、钴、锰、铅、锌、铁、硼酸、氨水和硫酸化合物等。

火山爆发后生长出的植物

☆火山爆发能否预报

地球上约有500多座活火山(包括海底活火山约80座)。火山爆发时,大量的水蒸气、火山灰、火山弹喷射出来,弥漫天空,以后又像旋风那样落下来,变成稠密的泥雨,给人们造成了巨大的灾难。那么,火山能不能预报?

1955年,前苏联科学院火山研究站曾预测堪察加半岛的一座火山将要爆发。十多天后,这座火山真的爆发了。

不久前,美国科学家用飞机侦察夏威夷群岛上的火山,机上设有高灵敏度的可

火山爆发

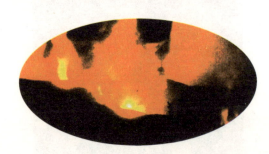

火山爆发时的情景

见光线和红外线仪表,目的是弄清红外线和火山活动的关系。通过这种调查,建立火山爆发的预测系统。澳大利亚科学家在新西兰北岛利用电压磁效应装置去观察火山活动,发现火山爆发前后,由火山内部实际存在的电流所引起的磁性变化,是火山爆发前的一种征兆。

在自然界中,生物也具有预测火山爆发的本领。据科学家观测,世界上著名的培雷火山在爆发前的一个月,鸟兽大都远走高飞了,草丛中的蛇也纷纷游走。

印度尼西亚的班格拉果山是座活火山,山上生长着一种罕见的花,植物学家叫它报春花,当地居民叫它报警花。原来,很早以前,人们就发现报春花有个奇怪的生活规律:火山爆发之前,山顶上常常先长出几株报春花来。因此,附近居民一看到报春花出现,便知道火山将要爆发。

近几十年来,科学家们在火山地区进行了长期的考察和研究,发现了许多关于火山活动的规律,使人们预报火山爆发成为了可能。

☆ 全球最大的活火山在哪里

全球最大的活火山冒纳罗亚火山位于美国夏威夷岛上，海拔4170米。

冒纳罗亚火山平均每三年半喷发一次。因为长期喷出大量物质，火山堆不胜负荷而塌落，成为破火山口。除破火山口喷发出熔岩之外，山坡上的裂缝也不时喷出熔岩，有时可高达十五六米，形成"火帘"奇观。当裂缝的喷发减弱，熔岩便集中在破火山口喷发，高度可达200米以上。

1950年的那次大爆发中，破火山口和裂缝不断涌出熔岩并沿山坡流下，速度为每小时40千米。据统计，在23天之内，流出了4.6亿立方米的熔岩。假如熔岩是柏油，足可以铺设一条环绕地球四周半的火路。

冒纳罗亚火山的破坏力相当大。喷发的熔岩温度高达摄氏1100度，流到32千米以外的远处才冷却凝固下来，所经之处，村落、田野荡然无存，寸草不生。

据推断，冒纳罗亚火山是近100万年前才形成的。目前，科学家已把它列为长期观察研究的对象，在破火山口边缘设立了观察站，观察地底活动情况，争取减少火山爆发所造成的灾害。

夏威夷冒纳罗亚火山喷出的熔岩流

☆ 什么是活火山

火山按其活动的情况可分为三类：一是在人类历史时期还经常作周期性喷发的火山，叫做活火山；二是在人类历史以前喷发过，迄今为止没有重新喷发过的火山，叫做死火山；三是长期熄灭的死火山，有时又会突然喷发，叫做休眠火山。

火山爆发是地球释放地热或内能的一种猛烈方式，是一种非常壮观的自然现象。火山爆发时烟火冲天，石块飞腾，灼热的熔岩沿山坡向下流动，声振四野。火山

地球的内部是由地壳、地幔、地核三个圈层组成的。地壳和地幔的顶部是由岩石组成的岩石圈，在岩石圈以下有一个软流层，这里有富含挥发性成分的高温黏稠的硅酸盐熔浆液体，称为岩浆。岩浆温度很高，能达到940℃～1200℃。在高压作用下，它们具有极大的活动性，当压力大到一定程度时，灼热的岩浆就会沿着地壳薄弱地带侵入上部，冲破岩层喷出地表，形成火山。火山喷出的物质一般有气体、熔岩和固体喷发物。火山喷发物从火山口喷出，大部分在火山口周围堆积下来，形成圆锥形的山，叫火山锥。

全世界约有500多座活火山和2000座死火山。火山经常喷发的地方就是地壳板块衔接的地方，主要分布于环太平洋、地中海和东非，日本就正好处于火山带上。大西洋海底也有隆起的火山带。

美国夏威夷火山喷发

爆发后，有的在地面上堆起了几千米的高山，有的在海洋中造成了新岛，日本的富士山就是火山爆发喷出的物质经冷却堆积而成的，夏威夷群岛是海底火山多次喷发露出水面的火山岛。

为什么活火山会经常喷发呢？原来，

☆重见天日的庞培城

意大利西南部有一座著名的活火山，叫维苏威火山，近300年内平均每12年左右就要发生一次规模不等的喷发。1906年的一次喷发，喷出的气体冲上13000米高空；喷出的熔岩有2000万立方米，向山下冲出11千米。不过它喷发最猛烈的一次是在公元79年，那次喷发把两座城镇埋入地下。

公元79年8月下旬，维苏威火山爆

法国奥佛涅火山锥

了解 1900 多年前古罗马人民生活的各个方面。

☆玉米田怎样长起山

在墨西哥首都墨西哥城西面300多千米的地方，有个叫帕里库廷的村庄。1943年初，这个村庄出现了一件稀罕事：一位农民在自己的玉米田里光脚走路时感觉到脚下的泥土比平时热，太阳落山后泥土仍在发热。2月5日以后，村子一带的大地开始震动，还能听到地下发出隆隆响声。那块玉米田里，出现一个冒烟的小洞。到2月20日下午，大地剧烈震动，响声震耳，冒烟的小洞口越开越大，从洞口喷出难闻的硫磺味的浓烟，被冲到上空的灰沙、石块像

庞培城的城墙外有墓地，城后即为维苏威火山。

发，大量的火山灰和碎屑物质落到地面。紧接着又下起了倾盆大雨，山洪挟带着火山喷发物冲向山下。8天以后，大地恢复了平静，但是庞培城的赫库存兰尼姆、史达比两座城镇都被埋入地下，从地面上消失了。随着时光的推移，地面上成了农田和果园，人们已经忘却了深埋地下的古城。

1713 年，有人在这一带挖井的时候，掘出了一些大理石碎块，这些是经过人工琢磨过的；以后又不断发现埋在土层中的各种石雕。考古工作者开始发掘，发现这里正是当年被火山物质埋没的庞培古城。

已经发掘出的庞培古城成了一座举世无双的博物馆。人们在这里可以看到古代修建的圆形剧场、神庙，用介壳装饰的公共喷水池，古老街道两旁的住宅、店铺，以及保存在屋子里的色彩鲜艳的壁画，从而

帕里库廷火山喷出的熔岩淹没了村庄，只有教堂的塔楼露在外面。

雨点般落到洞口周围堆积起来。第二天，那块玉米田里形成了一座约10米高的小丘。这座小丘的顶部有一个圆坑，从地下喷出的熔岩通过圆坑的裂口向低处流动，最后冷却凝固成为岩石。随着熔岩一次又一次地喷发凝固，小丘不断长高。一年之内，就高出地面336米，形成了一座山。至1952年，熔岩的喷发才停止，这时山的高度已达450米左右。（这种由于熔岩喷发而形成的、山顶有圆坑的山，被称为火山。）这座在玉米田里长起的火山，就以村庄的名字命名，叫帕里库廷火山。

☆ 日本国家的象征——富士山

富士山远眺

富士山高3776米，是日本最高的山，它巍然屹立在太平洋边上，外形匀称秀丽，无论从哪个角度看，都像一把倒放的折扇。日本人对它无限崇敬，把它作为国家的象征。

富士山是一座火山，山顶有一个直径约800米、深约200米的火山口。古代居住在富士山麓的虾夷人，看到火山喷发的情景后，把这座山称为"火之山"。后来汉字传入，按照古虾夷语的发音，才把它写成"富士山"。富士山的寿命已有大约1万年。自从公元781年有文字记载以来，它共喷发了18次。最近一次的喷发是在1707年，这次喷发喷出的火山灰一直飘落到东京。科学家用最新技术测定，发现由它每年的活动所诱发的地震有10次左右。同时，山上一些地方仍在喷出80多摄氏度的热气。因此，它有重新喷发的可能。

日本有一句民谚："不登富士，不识天下。"每年七八两月，山顶积雪消融，登山者便都来到山下，准备攀登山峰。每年登上顶峰的游客有几十万人。

富士山

☆化石是如何形成的

当我们去参观自然博物馆时,就会看到那里陈列着许多化石。那么,什么是化石?化石又是怎样形成的呢?

化石是由古代动物的骨骼、牙齿、贝壳、甲壳,或是植物的干茎、树叶等形成的。古代的生物种类很多,它们死后,被泥沙掩盖,有些部分由于细菌作用被腐烂和分解,而骨骼、牙齿及茎干等逐渐被矿物质替换和填充,经过漫长时间的变化,达到石化程度,但仍保持原生物体的形态特点,这样,就形成了化石。

科学家们把化石分成遗体化石(生物的遗体或其中的一部分形成的化石)、遗物化石(原始人用过的石器、骨器、装饰品和动物的卵、粪形成的化石)以及遗迹化石(动物的脚印、虫子掘穿岩石的孔道、植物叶子的印痕等形成的化石)。

化石之最

世界上的化石千差万别。最小的化石必须借助显微镜或电子显微镜才能观察和研究,如无脊椎动物中的有孔虫、放射虫等,而1972年在美国科罗拉多州发现的超级恐龙化石长度达到了30米。在植物界中,世界上最长的硅化木化石产在中国江西玉山县,它的主干长28米,直径达1.1米,重约60吨。

脊椎动物化石

具有脊柱的动物,包括鱼、哺乳动物、鸟类和恐龙等爬行动物的化石。上图为双棱鲱化石。

树叶化石

头足类化石

一种自由游动的枪乌贼状贝类,包括现已绝灭的菊石和箭石。

三叶虫化石

一种绝灭的海洋生物,其柔软外壳分为三部分。

腹足类化石

蜗牛之类的生物化石。

化石种类

☆化石人类

人们把相当于现代人祖先的人类化石统统归于化石人类。据说最古老的人类化石是在非洲乌干达发现的200万年前的南猿。考古学家根据他们使用过的原始工具推断，他们是人类的祖先。

不少国家都发现了4万年前的，属于最后的冰期时代的克罗马努人的化石。人

海边的化石

　　波浪冲刷过的悬崖和岸坡，暴露着软质岩石，这是寻找菊石之类化石的良好地方。

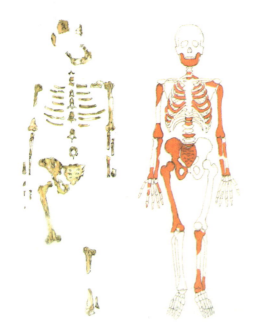

非洲猿人

　　非洲乌干达猿人生活在距今大约400～150万年的时期。它们身高约1.5米。

们称这种人类化石为现代人的直接祖先。1868年从法国南部的克罗马努洞穴中就出土了克罗马努人化石，人们称其为"新人化石"。

先于"新人化石"的"旧人化石"是1856年从德国的杜塞尔多夫附近出土的20～40万年前的尼安德塔尔人化石。

日本各地也发现过不少化石人类使用过的工具(主要是石器)。另外，从日本各地也发掘出不少化石人类的骨片。

☆古海百合化石

海百合是地球上最古老的动物之一，已经生存了5亿年，在2亿3千万年前，海洋里到处都生长着海百合。这些珍贵的海百合化石在地下沉睡了两、三亿年，如今依然栩栩如生，恰似国画大师笔下绽放的百合花。

最近，云南昆明工学院两名科技人员，在云南西部采集到千枚古生代海百合化石。其中的8个属、39个种为世界首次发现。

古生代海百合是5亿年前生活在海洋中的一种无脊椎动物，因形似盛开的百合花而得名。它所形成的化石在古生物

海百合化石

学、地层学研究中具有重要意义。化石完整程度之高、数量之多在国内是独一无二的，在世界上也是罕见的。

☆地质年代

地质年代是指地球上各种地质事件发生的时代。地质年代的划分是研究地球演化、了解各处地层所经历的时间和变化的前提。1881年，国际地质学会正式通过了至今通用的地层划分表，以后又不断进行修订、完善，形成了一张系统完整的地质年代表。

大理石

地质学家常用放射性同位素测定法和古生物学这两种方法来划分不同地质年代的地层。用放射性同位素法测定的地层或岩石的年代，是地层或岩石的真实年龄，称为绝对地质年代；用古生物学方法测定的年代，只反映地层的早晚顺序和先后阶段，不说明具体时间，称为相对地质年代。把两种方法结合起来，就能更准确地反映地壳的演变历史。

地质学家把地层分为六个阶段：即远太古代、太古代、元古代、古生代、中生代和新生代。其中远太古代、太古代和元古代为地球发展的初期阶段，距今时间最远，经历时间也最长，当时的生物仅处于发生和孕育时期。进入古生代时，海洋里的

生物已经相当多了,无论是植物还是动物都开始由低级向高级阶段进化。到了中生代和新生代,像恐龙、始祖鸟、鱼龙、古象等大型动物相继出现,地球生物界出现了空前的繁荣时代。

为了深入揭示各地质年代中地层和生物界的特征,地质学家又在"代"的下面划分出许多次一级的地质时代。如古生代自老到新可分为六个纪:寒武纪、奥陶纪、志留纪、泥盆纪、石炭纪和二叠纪。中生代分为:三叠纪、侏罗纪和白垩纪。新生代分为:第三纪和第四纪。这些"纪"的名称听起来很古怪,但都各有各的来历。例如,在英国的威尔士地区,古时候曾居住过两个名叫"奥陶"和"志留"的民族,于是地质学家便把在这儿发现的地层称为"奥陶纪"和"志留纪"地层。又如,在德国和瑞士交界处的侏罗山里发现了另一种标准地层,就取名为"侏罗纪"地层。而"石炭纪"和"白垩纪",则表明地层中含有丰富的煤层和白垩土。

部分地质年代表(单位:百万年)

古生代	寒武纪		前期:564—535
			中期:535—515
			后期:515—500
	奥陶纪		500—436
	志留纪		436—409
	泥盆纪		前期:409—389
			中期:389—378
			后期:378—360
	石炭纪		前期:360—335
			后期:335—284
	二叠纪		284—250
中生代	三叠纪		前期:250—237
			中期:237—229
			后期:229—208
	侏罗纪		前期—中期:208—159
			后期:159—140
	白垩纪		前期:140—94
			后期:94—64
新生代	第三纪	古第三纪	萌新期:64—53.5
			初新期:53.5—37
			渐新期:37—24
		晚第三纪	中新期 前期:24—15
			中期:15—10
			后期:10—5
			新新期:5—1.7
	第四纪		更新期(或全新期或冲积期及现代)

☆岩石的形成

地壳处于缓慢的运动之中,正是这种运动改变着地球表面的岩石形态。高山受挤压耸起,又经风化腐蚀,一部分分解成沙砾、碎屑堆积起来,形成其他种类的岩石。这些岩石可能会沉入地幔,在高温下熔化。火山喷发时,熔化的岩石以岩浆形式被喷到地面,熔岩冷却凝固后又变成岩石。岩石又会风化、分解,开始了下一个循环周期。

岩石有三种基本的类型。岩浆岩是由岩浆或熔岩凝结形成的,也称火成岩。沉积岩是由沙砾、碎屑等经水流或冰川的搬运、沉积、成岩作用形成的。变质岩是由其他任何类型岩石,在受热和重力的作用下,经变质作用而形成的岩石。

沉积岩

这些岩石是由碎石和动植物的遗骸形成的。美国亚利桑那州的佩恩蒂德沙漠就是由沉积岩构成的。

石灰岩

红砂岩

花岗岩

砾岩

黑曜岩

☆ 钻石的形成

几千年以来,钻石在人们心中的地位一直很特殊,它是力量和美的象征,并有着无可抗拒的魔力,使人热切追求。相传钻石是天上星星的碎片坠在地球上形成的,也有人说它是神的泪珠。

据传爱神丘比特的箭尖就是用钻石做的。也有传说在中亚某处人烟不到的荒谷中,地上铺满钻石,由食肉鸟在天上巡逻,毒蛇在地上把守,而那些毒蛇的目光可置人于死地。金刚石是钻石的别名。钻石一词来自希腊词"adamas",是不可征服的意思。

钻石的形成条件很苛刻。

钻石是碳元素结晶而形成的矿物,也是宝石中唯一由单元素形成的名贵物品。在地壳大约200千米的深处、在摄氏1100℃到1600℃的高温下、在4万到6万个大气压的作用下、在碳元素较为集中的地方,碳元素晶化成钻石,后来,随着地壳的隆起或下沉,或火山、地震的原因,结晶的矿物——钻石被挤出了地表,形成了钻石矿。

钻石矿有两种。一种是在火山爆发期间,熔岩将含有钻石的岩浆带上地球表

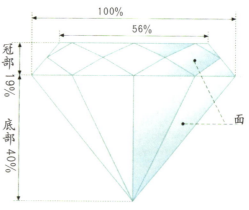

钻石加工形状图

层,岩浆冷却后便形成了"管状矿脉"。含有钻石的矿脉是由一种名为金伯利岩的岩石组成的。因为人们最初是在金伯利镇附近找到这种含钻石的原岩的,因此给它起了一个最实际最合适的名称——金伯利岩。另一种是由于地球表层经受风雨侵蚀,以及被河流冲洗,将钻石连同表土及其他矿物冲至远离原来矿脉的地方,形成了"冲积矿藏"。

钻石几乎与地球同寿,有些已有30亿年以上的历史。

在所有宝石中,钻石的成分最为简单。它只是普通的碳化学物,但经过自然的力量而变成世界上最坚硬的物质。在真

加工成形的钻石

空中,它的熔点是摄氏 4000 度,是钢的熔点的 2 倍。

☆石油的形成

石油的用途十分广泛,如果没有石油的话,整个社会都会陷入混乱之中。所以石油被人们称为"国民经济的血液""黑色的金子"。

在远古时代,大量的植物和动物死亡之后,与淤泥混合,被埋在沉积岩下。

经过几百万年甚至上亿年的岁月,地底下的动植物逐渐在高温高压的自然条件下,演变成液体的石油,并且透过沙土汇集在一起,这就形成了地下油田。

人类使用石油作燃料的历史非常悠久。早在 1400 年前,我国人民就已开始开采石油,用来照明、煮饭。不过古代人不把它叫石油,而叫做"石漆""石脂水""猛火油"。一个叫唐蒙的人写了一本书《博物记》,里面就提到甘肃南部的山中,有一种会流出"水"的山岩。这种山岩形成一些像竹篮大小的坑,坑里流出来的"水"像肉汤一样肥腻,用火一点就会燃烧,这就是

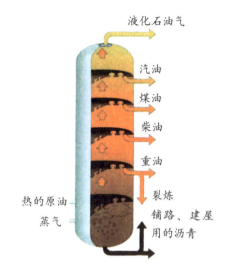

石油的分馏

被古人称为"石漆"的石油。

"石油"的名字,是宋代科学家沈括给起的。有一年,沈括到甘肃、陕西一带考察,当晚住在老乡家里,老乡为沈括点上用石油作燃料的油灯。沈括看到这种油燃着时烟很大,于是他就把这些烟炱收集起来,制成了墨汁。

沈括对自己的发现非常满意,认为自己的这项发现一定会被人们广泛采用。他把这件事记录在他写的《梦溪笔谈》一书中,并正式将这种油取名为石油。

☆ 天然气的形成

天然气和石油一样,都是重要的燃料和化工原料。它们被统称为"油气"。

天然气和石油常常埋藏在一起,气轻在上面,油重在下面,人们将这种天然气叫做"油田伴生气";当然,天然气也可以单独生存,这被称之为"天然气田"。

石油、天然气和煤炭一样,都是埋藏在地下的宝贵能源。

古时候,地面上的树木繁盛,还有成群的各种动物,由于环境、地壳的变化,这些生物和泥沙一起沉积在湖泊和海洋中,形成了水底淤泥,而且越积越厚,终于使淤泥与空气隔绝,避免了与氧气作用而腐烂。

地层内的温度很高,而且又有很大的压力,加上细菌的分解作用,最后使这些生物遗体变成了石油或天然气。

石油和天然气的区别,主要是形成时参与分解活动的细菌不一样,形成石油的

天然气输气管道

细菌叫做"硫磺菌"和"石油菌";形成天然气的细菌叫做"厌氧菌"。

天然气的主要成分是甲烷。我们经常可以发现野外水沟里有淤泥的地方,会冒气泡,那些气泡就是甲烷。甲烷开始形成时,是在淤泥下分散存在的,在地下水流的带动下,或地层压力的压迫下,分散的甲烷慢慢地向有空隙和裂缝的岩石层中流动、积聚,如果这些岩石层周围是密闭的,甲烷就会汇集在一起,成为天然气田。

我国的天然气贮量非常丰富,而天然气也正逐步成为我国城乡最重要的燃料之一。

生物遗骸飘落到海底　石油和天然气形成　石油和天然气向上移动　贮油层和天然气　断层天然气

石油和天然气的形成过程图

☆地球上矿物的形成

我们在日常生活中,总离不开各种矿物资源,我们所用的电是用煤炭、石油、铀等矿物燃料生产的,而我们所使用的各种铁器用品、钢材等金属产品更是离不开矿藏。

据统计,目前地球上已经发现的矿物有2000多种,而在世界上广泛使用的矿产资源也有80多种。

那么,地球上的矿物是怎样形成的呢?原来地壳中的化学元素并不是孤立的和静止不动的,它们在特定的条件下会形成各种不同的化合物或单元素物质。这种天然形成的而不是人工合成的物质,就是矿物。矿物形成的途径主要有3条。

一条是通过岩浆作用而形成的矿物,这是矿物产生的最主要途径。我们知道地球内部的岩浆是由各种化学元素组成的,当在高温高压条件下,它们是混合在一起的。但是在岩浆上升冷却过程中,不同矿物就有规律的逐渐结晶出来。熔点高的先结晶,熔点低的后结晶;密度大的下沉,密度小的上浮,从而形成各种矿物。世界上许多金属矿,特别是有色金属和稀有金属,就是这样形成的。矿物除了由岩浆作用形成以外,还可通过岩浆中形成的气体来形成。如硫磺、雄黄就是由火山喷发的气体结晶而成的。

另一条是通过外力作用而形成的矿物。通过岩浆作用已经形成的矿物,在空气、水、阳光及生物

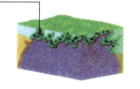

花岗岩熔岩

石灰层

砂岩层

花岗岩熔岩进入砂岩层,并抵达砂岩层上面的石灰岩层

地下水

炽热的岩浆引发石灰岩中的水循环。炽热的地下水将许多元素(离子)和分子从其流经的岩石中分离出来,使它们换一个地方再沉积下来。新的物质沉积以后便可能形成一个金属矿的矿床。

随着熔岩的冷却,毗邻的石灰岩发生质变,形成矽卡岩层。

在矽卡岩层中常常会有大的铁矿床诞生。

铁矿形成示意图

等外力作用下发生化学变化，重新形成新的矿物。例如在内陆湖泊或浅海中，由于水分蒸发而形成钾、石膏、芒硝等矿物。另外，生物遗体通过堆积作用而被埋在地下，经过复杂的化学作用而形成煤、石油等矿物。

形成矿物的第三条途径是变质作用。地壳中已经生成的矿物，由于地壳运动和岩浆活动的影响，在高温、高压作用下可能发生变质，形成新的矿物。例如煤在高温高压作用下，含碳量增加，变成一种矿物——石墨。

☆ 珍贵的和田玉

和田玉，出自新疆的和田地区，即古代的于阗国，所以又称为"于阗玉"。和田玉产于昆仑山，故又名昆仑玉。在北京故宫博物院里，有一块重达10700斤的"大禹治水"玉雕，是用整块和田玉雕琢而成的，可谓国宝。

根据色泽，和田玉可分为白玉、青玉、黄玉、墨玉和碧玉五个品种。其中以白玉和黄玉最为珍贵，尤以羊脂白玉为上品。最为常见的是青玉，墨玉和黄玉所见甚少。

从工艺上来鉴定和田玉，一是看颜色，白玉最好；二是看质地，要求质地细腻，滋润光滑；三是看瑕、抑，"瑕"是指杂质，无杂质最好，"抑"是指裂纹和裂隙，有裂

2008年这块100多克的哈密奇石"龙如意"在西安以40万元的价格成交，这相当于高档和田玉的价格。

纹、裂隙，便身价大跌；四是看块度，块度越大越好。如白玉，重10千克以上为特级品，2千克以上为一级品。

那么，和田玉是怎样形成的呢？经初步研究，它是由含钙镁的碳酸盐岩石，如白云质大理岩、白云岩等，与酸性岩浆岩如花岗岩等接触交融而成。也就是在一定温度下，含钙镁的碳酸盐吸取了酸性岩浆中的二氧化硅和水，生成软玉。因此，新疆和田玉产在古老的变质岩系地层中，在白云质大理岩与花岗岩的接触带附近，而且在断裂带上。矿体呈脉状，长几米到二十几

新疆和田玉

米，宽几十厘米到两米。原生矿遭风化侵蚀，经过冰川、流水的搬运带入河中，经冲刷而成仔玉。现在和田玉原生矿大部分在昆仑的雪山峻岭上。

☆石中之帝——田黄

传说，清代乾隆年间，有一年新岁，乾隆皇帝率领文武百官到天坛祭天，在供桌上摆放了一块像栗子般黄色，并透射着油

用寿山石雕刻的皇帝印玺

脂般光泽的石头。这使参与祭典的众官十分愕然，纷纷打听这是一块什么石头，为什么要将它供奉在祭坛上？

原来，在这之前的一个晚上，乾隆在夜里梦见玉皇大帝赐给他一块黄色的石头，并御笔写下"福、寿、田"三字。乾隆醒来，告诉侍从。这时有一福建籍的老太监听到后连忙下跪奏道："奴才老家福州寿山出产田黄石，莫非即'福、寿、田'之意！"乾隆听罢大喜，就派人取来了一块很大的田黄，并在新岁祭天时供奉在祭坛上，以表示对上天恩赐的谢意。自此之后，

田黄还有了"石帝"的称呼。

田黄石不仅以其"细、洁、腻、纯、润"五大特点而备受人们的喜爱；更因其福、寿、田三字的吉祥的象征意义而身价倍增；此外，也还以其稀少而珍贵。

田黄石是中国著名的三大印石（另外两个是鸡血石和青田石）之一寿山石中的一个罕见品种。寿山石是由1亿多年前火山喷发出的火山灰凝结而成的凝灰岩，又经后期天然热水溶液的长期作用，变质生成的一种岩石。在寿山石中，这些矿物都以肉眼无法看见的小到只有10～20微米的晶粒（称隐晶）集合在一起，呈现为非常密的块体。由于这些矿物都具有玻璃和油脂般的光泽，故优质的寿山石常温润如玉，具有半透明或微透明的质感；它的硬度都在1～2之间，极易于雕刻，是制作印石的良好材料。寿山石因受到含有铁等金属离子溶液的渗染，而可以有绿、红、黄、紫、灰、黑等不同颜色，也有纯白色的。

寿山石还可分为产于山上的山坑石和产于山下溪旁水田中的田石

田黄印石

两种。田石一般比山坑石的石质更佳。田黄石则是田石中色黄如熟栗的罕见珍品。

☆ 煤的生成

如果你有机会去煤矿参观的话，一定会看到在煤层里有像树干一类的东西，这说明煤主要是由植物生成的。那么，古代的植物是怎样生成煤的呢？

原来，大约在距今3.2亿至3.3亿年这段时间，有生成煤的有利环境。那时，由于气候条件适宜，地面上到处生长着茂密的植物、成片的大森林，海滨和内陆湖里生长着大量的低等植物，如藻类、芦苇、蒲草以及浮游生物等。后来由于地壳变动，这些植物一批批地被埋在低凹地区、湖里

或者海洋的边缘地带。这些被泥沙掩埋的植物，长期受着压力、地下热力和细菌的作用，原来所含的氧、氮以及其他挥发性物质等，都慢慢地"跑"掉了，所剩下的大多是"碳"。这一过程，就是人们常说的"炭化作用"，或叫以生物化学作用为主的"菌解作用"。最先形成的物质是泥炭，随着时间的推移，泥炭被埋藏得愈来愈深，继续受压力和温度的作用，碳质的比例继续增高，就逐渐变成褐煤、烟煤和无烟煤。

煤形成以后，在漫长的地质年代中，还继续不断地经受着各种变化。于是，就生成深浅不同的各种陆地煤矿。有一些煤层由于海陆变迁，被埋到海底，形成了现今分布在大陆架内的煤矿。

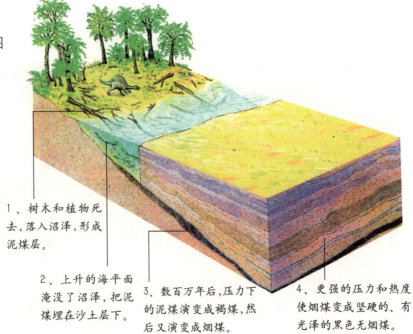

煤的形成示意图

大约3亿年前的石炭纪时期，气候温暖而湿润，典型的森林沼泽气候，消亡的植物腐烂，形成泥炭，海平面上升后，泥炭被埋藏到沙土层下，这些沙土层慢慢变成岩石，它们的重量挤压泥炭，使泥炭变成煤。

1、树木和植物死去，落入沼泽，形成泥煤层。

2、上升的海平面淹没了沼泽，把泥煤埋在沙土层下。

3、数百万年后，压力下的泥煤演变成褐煤，然后又演变成烟煤。

4、更强的压力和热度使烟煤变成坚硬的、有光泽的黑色无烟煤。

☆ 煤的开采

　　煤是由地下腐烂的史前植物残骸经过数百万年的演化而形成的。它易燃,是一种用途广泛的燃料。煤像石油和天然气一样,是一种矿物燃料,用于发电、化工工业和炼钢。

　　煤是由碳、焦油、油脂和其他矿物组成的。煤有3种不同的类型,依照单位内的碳含量分为:褐煤——碳含量低于50%,烟煤——碳含量在70%左右,还有无烟煤——最有价值的、碳含量在95%左右。全世界每年有超过40亿吨的煤被开采,但仍有4万亿吨的煤埋藏在地下。大约在1750年,工业革命导致需要大量的煤炭作为蒸汽机

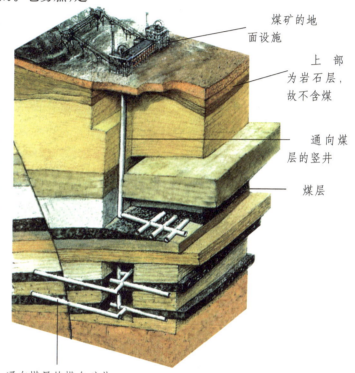

通过采掘将煤层开采出来

煤矿的地面设施

上 部为岩石层,故不含煤

通向煤层的竖井

煤层

通向煤层的横向矿井

深层煤矿开采剖面图

大量的机械化设备用来开采煤矿,切割机从煤层表面割出煤来,卷扬机则把煤送到井筒上面。

的燃料。今天,许多发电站靠烧煤发电,钢铁工业利用焦炭(煤烧热后蒸发掉其中的焦油和油脂)生产钢和铁。焦油和油脂则被用来生产染料、肥料和尼龙类化学纤维。

　　煤燃烧时,会释放出烟尘和一氧化碳等有毒气体。这些物质会污染环境,所以,发电站常用过滤器清洁煤烟。

☆ 东非大裂谷

在东非高原上，自南向北贯穿着一条又长又深的裂谷，这就是世界上最长的大地裂谷带——东非大裂谷。

东非大裂谷南起赞比西河口，向北穿过东非高原、埃塞俄比亚高原，经红海、亚喀巴湾，伸入约旦河河谷，长度大约6500千米。在马拉维湖附近分出一支，经坦噶尼喀湖、基伍湖、阿明湖、蒙博比湖，伸向尼罗河河谷。裂谷平均宽度虽只有48～65千米，两侧陡峭的谷壁却可以高出谷底达1000～2000千米。

在断裂谷地低洼处往往积水成湖，裂谷带的湖泊大多是构造湖，狭长幽深，与裂谷延伸方向一致，呈串珠状分布。世界第二深湖就是这个裂谷带的坦噶尼喀湖，水

东非大裂谷景色

深将近1470米。东北部的阿萨尔湖，是非洲大陆的最低点，海拔仅有150米。

是什么力量造就了东非大裂谷呢？

非洲大陆原是南方冈瓦纳古陆的一部分，在侏罗纪后逐渐分裂出来，成为一块独立而稳定的古陆。从第三纪开始并延续到第四纪的造山运动，在非洲引起了强烈的抬升与断裂活动，东非大裂谷就形成于这个时期。至于具体成因，现在在地质学中存在着多种认识和理解。板块学说认为，地壳以下的地幔中上升流强烈上升，致使地壳隆起，形成了东非高原；上升流向两侧扩散，巨大的拉张力致使地壳发生断裂，形成东非大裂谷。这一说法认为断裂的产生是大陆开始分裂，海洋正在孕育的反映。裂谷继续扩张，就会演变成海洋。地壳发生断裂的过程中必然伴随着火山和地震的活动。裂谷带附近地壳运动极为活跃，岩浆活动剧烈，火山林立成群，地震时有发生，显示着极强的生命力。这里有一系列高达5千米的大山，著名的有乞力马扎罗山、肯尼亚山等。

东非大裂谷

东非大裂谷图

☆不幸之地——沙漠

沙漠,是大自然留给人类的不幸之地。它是指地面完全被沙所覆盖、植物非常稀少、雨水稀少、空气干燥的荒芜地区。

全世界有1/10的陆地是沙漠。世界上的沙漠大多分布在南北纬15～35度之间的信风带。这些地方气压高,天气稳定,风总是从陆地吹向海洋,海上的潮湿空气却进不到陆地上,因此雨量极少,非常干旱,地面上的岩石经风化后形成细小的沙粒,沙粒随风飘扬,堆积起来,就形成了沙丘,沙丘广布,就变成了浩瀚的沙漠。有些

地方岩石风化的速度较慢,形成大片砾石,这就是荒漠。

沙漠地区的年降水量一般都在400毫米以下。我国塔克拉玛干沙漠中降水最少的地方,年降水量不足10毫米,个别地方几乎滴雨不降。沙漠地区温差大,平均年温差可达30℃～50℃,日温差更大,夏天午间地面温度可达60℃以上,若在沙滩里埋一个鸡蛋,不久便烧熟了。夜间的温度又降到10℃以下。由于昼夜温差大,有利于植物贮存糖分,所以沙漠绿洲中的瓜果都特别甜。

沙漠地区风沙大、风力强。最大风力可达10～12级。强大的风力卷起大量浮沙,形成凶猛的风沙流,不断吹蚀地面,使地貌发生急剧变化。

世界上最大的石油资源储藏大多在沙漠地带,但是这些储藏并不是因为当地干燥气候而形成。在这些地区成为沙漠之前,它们一般都是浅海,石油为海底植物形成。

位于非洲西南部的纳米布沙漠

☆撒哈拉沙漠过去是一片大草原吗

撒哈拉沙漠风光

是一片可供放牧的大草原。

此外，在另一幅大约2000年以前的画上发现了骆驼与人战争的场面。从此以后，由于干旱少雨的热带气候的影响以及人类的破坏，使从前的那块草木繁茂、牛羊成群的绿洲逐渐变成了如今的撒哈拉大沙漠。

在阿拉伯语里"撒哈拉"是褐色、荒漠的意思，这个词形象而概括地描绘出了撒哈拉大沙漠的凄凉景象。在撒哈拉大沙漠的塔西里高原地区，曾发现过距今2～3万年前的冰川期到2000年以前古人留在岩石上的几幅壁画。

在一幅大约8000年以前的画上有长颈鹿、鸵鸟、羚羊等食草性动物。由此可见，当时的撒哈拉大沙漠曾是一片众多动物赖以生存的绿洲。

还有一幅大约6000～4000年以前的壁画，上面画着一个人放养长犄角牛的情景，这又一次证明了撒哈拉大沙漠的确曾

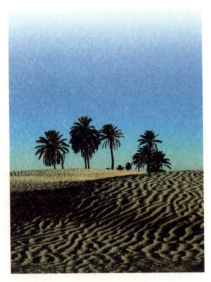

撒哈拉沙漠

☆沙漠的形成

根据德国气候学家柯本的气候分类法,把年降水量不足254毫米的气候称为沙漠气候。

撒哈拉沙漠是世界上最大的沙漠,年降水量不足25毫米(仅权相当于日本1天的降水量),而且,那里的昼夜温差超过30℃。这种恶劣的自然环境不仅不利于植物的生长,而且还造成了沙土地的龟裂和土质的沙化。这种干燥的气候是形成沙漠的主要原因。这一点,只要看一下地球上的沙漠分布情况就一目了然了。在地球南北纬度30°附近,有两条鲜明的沙漠带。一条是北半球的撒哈拉、阿拉伯和印度大沙漠带,另一条是南半球的卡拉哈里和澳大利亚大沙漠带。这些地区都处在"亚热带高压带"的控制下,由于下降气流的影响而久旱无雨。

除此之外,海上的潮湿空气吹不到的内陆地区以及大山脉的下风处,也容易形成沙漠。有的海岸气温较高,即使有因寒流影响而变冷变湿的空气登陆也不能形成云,像这样的海岸也容易变成沙漠。

沙丘的形成

新月形沙丘形成于沙子稀少和风向恒定的地方。

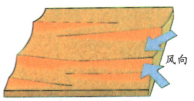

剑形沙丘形成于沙子稀少和风从两个方向吹来的地方。

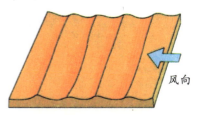

横沙丘形成于多沙的地方,其丘脊与最强风的方向垂直。

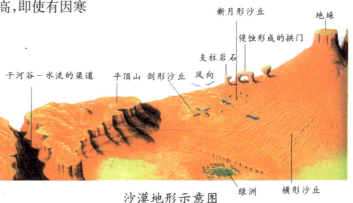

沙漠地形示意图

43

☆沙漠中的沙子能烤熟鸡蛋吗

沙漠地区的气候十分干燥，常刮大风，可很少下雨，有些地区竟连续多年不下一滴雨。有的时候，沙漠上空浓云翻腾，好像骤雨就要到来，可是没等雨水落到干燥的地面上，就被蒸发掉了。干燥的气候使得沙漠地区的植物非常稀少，到处是累累沙丘，漫漫飞沙。白天烈日当空，把沙晒得火烫，沙把热传给附近的空气，空气被烤得火热。可是，在这里人们从不流汗，因为连渗出皮肤的汗水也会马上被蒸发掉。

在非洲的撒哈拉大沙漠里，午后的气温常升到50℃以上，沙漠北部的阿济济亚，曾经测量到58℃的世界最高温。地表气温是从地面传给空气的，所以沙漠表面的气温就会更高，最高的时候能达到70℃～80℃，在沙里埋上生鸡蛋，真的能烤熟。

沙漠或戈壁地区地面吸热快，散热也快。这里夏季白天虽然很热，夜晚却很凉爽，气温常会降到20℃以下。

智利阿塔卡玛沙漠是世界上最干燥的沙漠。有些地方自17世纪以来，在1971年才下了第一场雨。

黄沙飘移的范围有多大

黄沙是指从中国大陆的黄土地带随风飘来的沙粒。这种沙粒是由0.001毫米～0.5毫米的石英、长石等矿物质组成的。据飞机观测，黄沙可飞扬到4000米的高空。它还能随着自西往东飘移的上层气流，从中国的长江附近经中国北部一直飘移到日本的冲绳、本州、千岛列岛。可见，黄沙飘移的范围是非常大的。每年3～5月，气压槽随强寒锋从中国大陆移向日本，黄沙便尾随冷锋之后降到日本。日本西部的九州，每月都要降3～4次黄沙。

☆沙尘暴的成因

1934年5月12日,美国发生了地球上最严重的一次沙尘暴。这天,从美国西部大平原的几个州,刮起了一阵强风暴。暴风掠过西部广阔的土地,将千顷农田的肥泥化作黑黑的尘雾,卷到空中,并以每小时60~100千米的速度,咆哮着由西向东横贯整个美国国土。这股沙尘暴连刮3天,将美国西部地区的表土层平均刮走了5~13厘米,毁掉耕地近3万平方千米。风暴过后,西部平原的水井、溪流干涸,农作物枯萎,牛羊大批渴死,经济损失严重。

沙尘暴又叫黑风暴,是发生在沙漠地区的自然现象。沙漠地区有大量的流沙,为沙尘暴提供了沙源。近100多年来,由于过度垦荒、过度放牧,沙尘暴的范围扩大,危害加重。发生在美国的这场沙尘暴,也是由以上原因造成的。

几百年前,宽阔的北美大陆到处是茂密的森林、灌木和草原,野生生物资源十

土地沙漠化是人类面临的环境问题之一

分丰富。19世纪末到20世纪初,美国人开始大举开发中西部的沃土。他们砍伐森林、开垦草原,开发规模越来越大,速度也越来越快,在100多年里,美国人利用国土上丰富的自然资源,获取了巨大的财富,同时,差不多灭绝了平原上所有的美洲野生动物,也几乎砍光了茂密的森林。大片大片的自然植被消失了,土地裸露,风蚀加速,最终导致了这场灾难。

科学家做过推算,在一块草场上,刮走18厘米厚的表土,约需2000多年的时间;如在玉米耕作地上,刮走同样数量的表土需要49年时间。而在裸露地,

沙尘暴

则只需18年时间。

世界上不少地方发生过沙尘暴,1993年5月5日,我国西北地区就发生了特大沙尘暴,造成85人死亡,31人失踪,64400平方米耕地受灾。沙埋厚度达20～150厘米,房屋倒塌,水井堵塞,农作物颗粒无收,给西北几省造成严重损失。

目前,世界上有四大沙暴区:中亚沙暴区、澳大利亚中部的澳大利亚沙暴区、美国中西部的北美沙暴区、撒哈拉沙漠中的中非沙暴区。

从世界各沙暴区的起因和发展来看,人为破坏环境是沙尘暴发生的重要的原因,它占所有起因的90%。因此,只有保护好植被,防止土地沙漠化,才能减少沙尘暴灾害。

☆ "沙漠绿洲" 和 "海市蜃楼"

烈日炎炎,炙烤着戈壁大地,浩瀚的沙漠上,一支干渴的骆驼队艰难地行进着。突然,在远处的地平线上,奇迹般地出现了一片绿洲,绿洲内翠柳成阴,倒映在一个微波荡漾的湖面上。它驱散了游人的疲劳,给人们带来了希望。正当人们满怀喜悦的心情向着绿洲奔去的时候,它又消失了。

这种神秘的幻景也常常出现在海面上。在天气晴朗、平静无风的时候,有时会在海面上空浮现出一座城市,亭台楼阁完整地显现在海面上空,来往的行人、车马清晰可见,然后逐渐模糊消失。这种神秘的模糊的幻景,人们称之为"海市蜃楼"。

"沙漠绿洲"是怎样产生的呢?我们知道,空气的密度随温度的变化而变化,而空气密度的变化又使它对光的折射率产生影响。在炎热的夏天,沙漠上空的温度逐渐降低,密度逐渐增大,而空气的折射率也

我国甘肃敦煌的月牙泉
是一处沙漠中的真实的湖水

逐渐增大。在无风的时候,由于空气的导热性差,这种折射分布不均匀的状态能持续一段时间。

为了说明沙漠绿洲的形成原因,设想将空气从地平面算起分成若干个平行的折射率层,从下往上每层的折射率是递增的。

海市蜃楼景观

当日光照到一棵树上,树上反射的一条光线从上层(折射率高)射向下层(折射率低),根据光的折射定律,这条光线向折射率大的方向偏折。如果光线射到某一层,入射角大于临界角时,它将产生全反射,再度向

上偏折,最后射入人们的眼睛,就会感到它好像从一面"镜子"上反射出来的一样,这面镜子就是最后反射光线的那层空气。远远看去,就像是地平线上泛起的一湾湖水,地面上的景物倒映在湖水之中。当被太阳晒热的大气微微地颤动时,便使人感到湖面上水波荡漾。这就是"沙漠绿洲"的形成原因。

海面上"海市蜃楼"的成因与此相似。因为靠近海面的温度比较低,而上方的空气温度较高,与沙漠上空的温度分布刚好相反,因此从实际景物反射出来的光线将向下弯曲,出现的幻景比实际景物高,看起来就像浮现在空中一样。

☆地下怎么会冒出泉水来

泉水和雨水有关系。雨有大有小,小雨只能打湿地面,慢慢地,水化为水蒸气,蒸发掉了。大雨如泼如注,水匆匆忙忙向着低洼的地方流去,流进水坑、池塘,流到附近的小河里去。地面上的水有的蒸发掉了,有的流到河里了,还有一部分渗到了地下,成了地下水。你想想,植物从地下吸取的水分,人们打井取来的水,是从哪儿来的呢?对了,它们绝大部分是从地面渗到地底下去的!地面上的水沿着泥土、沙粒和有裂缝的岩石往下渗漏,遇到致密的岩石或紧密的土层(如黏土层等),水就被截住不能再往下渗漏了,这一层叫不透水层。地

人工喷泉

下水就在这里慢慢地积存起来。雨水多的

时候,渗到地下去的水多,地下水位就会升高;雨水少的时候,渗到地下去的水就少,地下水位就会降低。地下水与地面水有一个相似的地方,也是随着地势的起伏,从高处向低处流动。不过,因为有泥沙等的阻挡,它渗流得很缓慢。有的地下水从水源地流入两个不透水层的中间,它经受的压力很大,水量往往很稳定,埋藏在地下较深的地方。这种地方的地下水,自己不会流出来,需要人工打井。不过,有些埋藏比较浅的地下水会在低处的裂缝中冒出地面,这就是人们常说的泉水。

泉

☆ 泉的种类

泉在世界上分布很广,南美洲的牙买加被称为泉水之岛,我国济南市曾是著名的"泉城"。

泉水主要来源于大气降水,但由于地下地质条件的不同和水流出地面的方式不同,泉又有多种多样的类型。北京的玉泉,是由于地壳运动使岩层产生断裂,地下水沿断层面流出地面而形成断层泉。江西弋阳城外的虹吸泉,能像海潮一样忽涨忽落,涨时不知水的来源,落时不知水的去向。世界上泉的种类很多,除断层泉、虹吸泉、自流泉外,还有温泉、冷泉、间歇泉等等。美国黄石公园的"老忠实间歇泉",就是一种周期性间歇喷发的温泉。因它每隔66分钟喷发一次,多年来从不失约,因此人们称它为"老忠实间歇泉"。这种泉大都与火山有关,由于它的通道下部接近热源,当储存在通道下面的水受热以后温度即逐渐上升,但因其通道狭窄,不易发生对流,于是上面的水就像一个瓶塞一样把瓶口堵住,直到下面的水变为水蒸气,将上面的水柱冲出地面,造成一次喷发为止。如此循环不止,就形成了间歇喷发的温泉。

大陆上有喷泉,海洋里也有喷泉。美国佛罗里达州东海岸附近的海底上,有一个淡水喷泉,泉水不断上喷,使过往轮船上的海员可以喝到甘甜可口的淡

☆我国有哪七大名泉

中国是世界上温泉最多的国家之一，目前已发现的有2000多处，遍布全国。温泉数量以云南、广东、福建、西藏、台湾等省、自治区为最多。有的泉水能酿出名酒，如贵州茅台；有的泉水用来饮用有益于身体健康，如山东崂山的矿泉水；有的适于沐浴，如陕西临潼的华清池，云南安宁的"天下第一汤"，重庆南北温泉，广东的从化，南京的汤山，北京的小汤山，温州的温泉都是著名的天然浴池。

我国最为著名的七大名泉为：天下第一泉——中冷泉，位于江苏镇江金山。唐代文人刘伯刍把宜于煮茶的水分为七等，中冷泉被评为第一，从此称中冷泉为"天下第一泉"。天下第二泉——惠山泉，在江苏无锡惠山公园。唐代"茶神"陆羽以其水泡茶，题为"天下第二泉"，宋徽宗时成为宫廷贡品。天下第三泉——虎跑泉，在浙江杭州西湖西南大慈山下。相传唐元和十四年(819)高僧寰中居此，苦于无水。一天，有两虎跑地作穴，泉水涌出，故名"虎跑泉"。"虎跑水龙井茶叶"号称"双绝"。天下第四泉——陆羽泉，位于江西上饶市广教寺内。陆羽曾在广教寺隐居多年，宅外种植茶园数亩，开凿一泉，水清味甜，故被评为"天下第四泉"。天下第五泉——在江苏省扬州市瘦西湖内。清乾隆十六年(1751)修建，有"天下第五泉"题字为证。

间歇泉

水。泉水是重要的生活水源，它经过岩层的层层过滤，水质纯洁，具有清、凉、香、柔、甘、净等特点，且富含矿物质，因此是酿酒、调配饮料的最佳水源。温泉不仅可以治疗多种疾病，还可以用来发电、取暖或调节空气的湿度。温泉可以用来浸种、育秧，也可以用来保护水生植物和鱼类过冬，甚至还能帮助孵化小鸡。

天下第五泉

天下第六泉——招隐泉，在江西省庐山市观音桥东。陆羽在此地喝茶后著有《茶经》三篇，并把它品评为"天下第六泉"，记在他所著的《茶经》上。天下第七泉——白乳泉，在安徽怀远城南郊。因泉水甘白如乳，故名。用此泉水煮茶，芬芳清冽，甘美可口。宋苏东坡游此，赠诗留念，将此泉誉为"天下第七泉"。1965年，郭沫若亲自为"白乳泉"题了名。

陕西临潼华清池

☆ "泉城" 济南

我国许多城市都有自己的别称，用以表明自己的特色。例如，昆明被称为"春城"，拉萨被称为"日光城"，而济南则被称为"泉城"。济南的泉水特别多，据估计每秒钟涌出的泉水就有4立方米，每天涌出的泉水量则高达35万立方米，可以满足几十万人的饮水需求。济南的名泉在全国也特别有名，如趵突泉、珍珠泉、黑虎泉、金线泉等等。正因如此，济南被人们称为"泉城"。

泉水是怎样形成的？

大家都知道，地底下有大量的水，这些水在地层里也处于运动之中，并承受着一定的压力。当地下水在一定的条件下涌出地面，便形成了泉。泉的形成与一个地方的地形、地质条件及地下水都有关系。

济南地处山区与平原的交界线上，在其南边就是著名的千佛山。千佛山是由质地破碎的石灰岩组成的，因而山区降水随着岩石缝隙渗入地下，形成山区地下水。山区地下水在地下随着岩石缝隙继续由高处向低处流去，即向济南方向流去。由于济南地处平原边上，而这块平原地下的岩石是致密的岩浆岩，渗水性能差，因而当千佛山的石灰岩在济南边上被岩浆岩截断时，从千佛山高处涌来的大量地下水便在济南城南郊的地下蓄积起来，为泉水提供了水源。随着济南城南郊地下水量的增

济南趵突泉

多，这些地下水承受的压力也越来越大。这时如果岩石出现裂缝，地下水便会涌出地面，形成泉水。济南的大部分泉水就是这样形成的。由于泉水的喷涌需要有丰富的地下水，因而如果大量抽取地下水，从而形成地下水开采漏斗，泉水也就会消失。例如"泉城"济南，由于人口增长迅速，加上工业发展很快，导致城市生活用水和工业用水激增，因而被迫大量开采地下水，导

致泉水一度消失。只是由于后来限量开采地下水，并进行人工回灌，使地下水得到了补充，济南的喷泉才重新涌出泉水，恢复了往日的生机。

☆ 间歇泉

自然界里有一种喷泉叫间歇泉，这种泉水不像普通泉那样，泉水不停地往外涌流，而是喷射一阵之后就自动停止下来，平静一段时间又会开始一次新的喷发。这种泉喷出来的是热水，高大的水柱伴着翻滚的气团直冲蓝天。正因为这种泉喷喷停停，所以就得了间歇泉这么个名字。

间歇泉为什么喷一阵子之后要歇一会儿呢？这是由间歇泉的形成条件所决定的。间歇泉都分布在地壳运动比较活跃的地区，地下不太深处有岩浆活动。靠近岩浆活动地带的地下水，有通向地面的泉水通道。底层的地下水被岩浆烤热，不断升温。当热水的蒸汽压力超过上部水柱的压力时，高温高压的热水和蒸汽就把通道中的水全部顶出地面，形成强大的喷发。随着水温下降、压力减低，喷发就会暂时停止；当温度和压力升到一定程度时，又会产生一次新的喷发。

世界上最著名的间歇泉是位于美国黄石国家公园内的"老忠实"间歇泉，它有规律地

济南趵突泉公园

间歇泉的结构

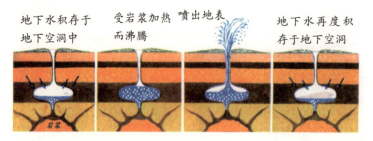

地下水积存于
地下空洞中

受岩浆加热
而沸腾

喷出地表

地下水再度积
存于地下空洞

喷发至少已有200年，每小时一次喷射出约4.55万千克的水，高度达30~45米，每次持续时间为5分钟。

美国黄石公园的"老忠实"间歇泉

从前的土和现在的土有什么不同

现在的土，比如东北平原地区的黑土，它在1万年以前就生成了。因此，现在的土也包含着从前的演变历史。

黑土的表面是一层腐殖土的混合土，再往下才是真正的腐殖土，是动植物残体经微生物和碳、氮分解后又重新合成的复杂的有机土壤。在腐殖层中，植物的细根像穿珍珠项链一样把一颗颗豆粒般松散的土壤颗粒穿在一起。

另外，在火山灰和沙丘的沙子表面，还可见到适合地衣生长的现代土。有些地方黑土下面的老红土，还是由几万年前的火山灰形成的。在显微镜下观察湿红土时，还可见到土里含有石英、长石、黑云母等沙粒。至于黏土，其实是黏土矿。黏土矿还可像老土壤那样变成结晶，而且种类也会各不相同。

☆瀑布的形成

在世界上的名山大川中，瀑布很多，它们沿着各种不同形状的悬崖峭壁，奔流倾泻。由于地势起伏不同，水量多少不等，瀑布流泻时，千姿百态，变幻奇丽，美不胜收。伊瓜苏瀑布是世界上著名的宽瀑布，位于巴西和阿根廷两国交界的巴拉那河流域，它的支流伊瓜苏河长不过700千米，水量却很丰富。大量河水呼啸着奔腾而下，形成了一个宽大的瀑布。该瀑布平均高度40多米，最高的"鬼吼瀑"高达72米。在距离它120多米的高空上还飞悬着一条绚丽的长虹，浮现在水雾里，形成一幅人间奇景。

如果从流量来说，巴拉那河上的塞特凯达斯大瀑布是世界上流量最大的瀑布。在汛期时，它以每秒3万立方米的流量直泻而下。从远处看，瀑布犹如条条银链从天而降，飞溅的水珠在阳光的照射下，映出一条美丽的彩虹。

我国的瀑布也很多，著名的有贵州白水河上的黄果树瀑布、黑龙江镜泊湖上的吊水楼瀑布，以及江西庐山的开先瀑布、三叠泉瀑布、黄龙潭瀑布、乌龙潭瀑布等。众多的瀑布装点着祖国的河山，使景色更加壮丽。

世界上的瀑布千姿百态，形形色色，形成的原因也是多种多样的：在同一条河流上，由于构成河床的岩石不同，有硬有软，软的地方容易被冲蚀，硬的地方冲蚀得慢，在软硬岩石交界处，河床高低相差很大，于是就出现了瀑布。再有，由于地壳运动，地壳断裂引起升降，造成陡岩，河流流经这里，形成瀑布。火山喷发后，火山口积水成湖，湖水从缺口溢出，也会形成瀑布；火山喷出的岩浆，阻塞河道，造成湖泊、湖水壅高泻出，同样会形成瀑布。古代冰川刨蚀成的U形谷，石灰岩地区的暗河从山崖间涌出，海浪拍击海岸，迫使河流后退而产生崖壁，这样，也会形成瀑布……总之，瀑布是地球内营力和外营力综合作用的结果。

瀑布

☆世界上最壮观的瀑布——尼亚加拉瀑布

尼亚加拉瀑布堪称是世界上最壮观的瀑布。在距离瀑布30千米远的地方，我们就可以清晰地听见它轰隆隆的水声。走到近前，就见一条巨大的白色水流从半空直泻下来，引得水花四处飞溅，形成了一片连绵不绝的雨雾。难怪参观瀑布的人大都带着雨衣。白天的尼亚加拉瀑布令人惊叹不已，而夜晚的尼亚加拉瀑布更是令人终生难以忘怀。在夜晚，瀑布边上巨大的电灯就会齐放光明。这些灯发出的光不仅有白色的，还有红、黄、蓝、绿等各种颜色。灯光照在整条瀑布上，瀑布霎时变成了五颜六色、色彩缤纷的巨幅彩练，显得格外绚丽多姿。

因为尼亚加拉瀑布恰巧位于美国和加拿大的边境线，所以两国商定，靠近哪个国家的那部分瀑布，就归哪个国家掌管。俯瞰尼亚加拉瀑布，很容易发现，它正好被一座小岛分成了两部分，这个小岛宽350米，名叫山羊岛。靠近美国的那部分瀑布，人们叫它"美国瀑布"；而靠近加拿大的那部分瀑布，因为像马蹄的形状，因此人们就叫它"马蹄瀑布"。由于马蹄瀑比美国瀑宽一倍多，而且尼亚加拉河河水的90%都

尼亚加拉瀑布美景

流入马蹄瀑,所以马蹄瀑比美国瀑壮观、雄伟得多。

尼亚加拉瀑布是人们在1678年发现的。发现者是一位名叫亨尼平的法国探险家,他看见尼亚加拉瀑布后,极为震惊,立刻写文章向世人介绍这一自然界的伟大奇观。后来来这里观光、旅游的人越来越多。如今,它已经成了世界上最著名的旅游胜地之一,每年都有大约1200万人来此游览。

尼亚加拉瀑布

☆世界上最高的瀑布——安赫尔瀑布

1935年,一位名叫吉米·安赫尔的飞行员为了寻找黄金,架机飞越了南美洲委内瑞拉高地。当飞越德弗尔山时,他发现了一些瀑布。两年后,吉米·安赫尔又飞回来,做一次更接近瀑布的观察,但他的飞机不幸坠毁,陷入了一片沼泽地。他和他的同伴花了11天时间奋力穿过热带丛林到达瀑布处。安赫尔没有找到黄金,却意外地发现了世界上最高的瀑布,这个瀑布后来即用安赫尔的名字来命名。

安赫尔瀑布从德弗尔山长满青草的平坦山顶向下跌落979米,大约是尼亚加拉瀑布高度的18倍。瀑布先泻下807米,落在一个岩架上,然后再跌落172米,落在山脚下一个宽152米大小的池内。

德弗尔地区属热带,这里的雨林非常茂密,步行无法抵达瀑布的底部。雨季时,河流因多雨而变深,人们可以乘船去那里。在一年的其他时间里,人们只能从空中观赏这个瀑布的壮丽景色。

安赫尔瀑布

☆我国最大的瀑布——黄果树瀑布

我国瀑布数量众多,其中位于贵州西南部镇宁县境内的黄果树瀑布,是我国最大的瀑布,也是世界上著名的瀑布之一。

黄果树瀑布位于北盘江支流打帮河上源的白水河上。这里石灰岩地形广布,河宽水急,山峦重迭,地势险要,白水河在流经黄果树附近地段时,河床断落,形成九级十八瀑布。黄果树瀑布上游有三级小瀑布,下游有五级小瀑布,而以黄果树一级瀑布为最。它水势浩大,气势磅礴,雄伟壮观,驰名中外。黄果树瀑布夏季水大时最宽可达 81 米,瀑布落差 74 米。枯水时,其流量达 2～3 米^3/ 秒,洪峰时流量可达 2000 米^3/ 秒,比黄河的平均流量还要多。这时,飞瀑倾泻,水流很大,如万马奔腾。数道宽阔巨大的水帘拍石击水,好似劈雷山崩,发出轰然巨响,远传数里开外,令人惊心动魄。

黄果树瀑布

黄果树瀑布水势浩大,下泻后水花四处飞溅,水珠可升高 50～60 米。微风吹拂,溅起的浪花随风飘荡,所以,附近地区湿度甚大,凉爽宜人。在瀑布附近的峭岩上,有一古雅玲珑的观瀑亭,同瀑布遥遥相望。从这里可以俯瞰瀑布和峡谷全景。峡谷深邃曲折,两侧悬崖绝壁,从瀑布奔泻而下的河水急速翻滚,在峡谷中浩浩荡荡向南流去。岸上青山不断,奇峰相连,植物众多,终年常翠,枝叶摇曳,蝶影蹁跹,各种山花吐芳争艳,耐旱的仙人掌到处可见,流水配绿山,蔚为壮观。

☆黄河壶口瀑布

"源出昆仑衍大流,玉关九转一壶收",黄河行至壶口地带,河床宽度急剧收缩,迫使奔流的河水也随之猛烈地收缩,并跌入幽深的狭槽内。真好似一把巨大的水壶向外倾倒壶水一样,壶口瀑布因而得名。

神话中的大禹,为了制服奔腾咆哮的黄河,在壶口地带的一条幽深的峡谷中,用神斧砍出了一个形似壶嘴的石缝,河水便拥挤着流入"壶嘴"。黄河从此就穿行在峡谷间,不再水淹四方了,大禹神斧劈山治水的故事广为流传。

大约在几千万年前,由于地壳运动,岩石断裂,形成断层带。黄河下游龙门一带的河床,受到黄河水猛烈的冲刷,坚硬的岩石不断地被冲蚀,瀑水节节后退至今日的壶口,成为"瀑布垂帘,水雾云腾"的壶

壶口瀑布

口瀑布。

壶口瀑布是中国著名的瀑布。由于瀑布的存在,使得过往的船只难以行进。凡是驶经壶口的船只,都要停船卸货,然后用绳索将船托上旱路,绕过瀑布重新下水、装货,才能继续行驶。"壶口瀑布"和"旱地行船"成了此地的两大奇观。

壶口瀑布美景

世界上有定时瀑布吗

在贵州省黄平县重安镇重安江畔,有一个有趣的瀑布,它以神奇的变化、壮丽的景色而远近闻名。

瀑布坐落在距重安镇约1千米远的悬崖之上,与重安江大桥遥遥相望。瀑布的水从山腰一个石灰岩溶洞中涌出,时断时续,并极有规律。在一般情况下,有7分钟左右水流几乎断绝,7分钟过后,水流又涌泻而下,这样持续7分钟后,又开始周而复始地循环。

☆最大的淡水湖群——五大湖

五大湖边的美国芝加哥市

在北美大陆的美国和加拿大之间，有五个大湖，它们像亲兄弟一般手拉手连在一起，构成五大湖区。按面积由大到小排列依次为：苏必利尔湖，休伦湖，密歇根湖，伊利湖，安大略湖。其中除密歇根湖为美国独有外，其他的都是美国、加拿大两国共有。

五大湖是世界上最大的淡水湖群，因此人们用"淡水的海洋""北美大陆的地中海"来形容它们水量之大。五大湖总面积达24.5万平方千米，约相当于一个英国。湖水平均深度148米，最深处有405米。其平均深度超过了波罗的海（86米）和北

海（96米）。五大湖的总蓄水量约为22700立方千米，相当于波斯湾总水量的2.5倍。"苏必利尔"的意思就是"较大的"，它占五大湖总蓄水量的一半以上，最深处达405米，是世界上最大的淡水湖。五大湖"水平"不一，苏必利尔湖比休伦湖高7米，因此，苏必利尔湖的水通过苏圣马里河滚滚流向休伦湖。而伊利湖的湖面比安大略湖高了将近100米，因此，在连接这两个湖的尼亚加拉河上形成了世界上著名的瀑布。安大略湖的湖水最后经圣劳伦斯河流入大西洋。

五大湖区气候温和，航运便利，矿藏丰富，是北美经济发达地区之一。沿岸有芝加哥、克里夫兰、多伦多、布法罗等重要的工业城市。美国和加拿大在沿湖地区开辟了许多国家公园，每年有大量游客来此游览、度假。

☆南美洲海拔最高的淡水湖——的的喀喀湖

的的喀喀湖是南美洲海拔最高、面积最大的淡水湖，也是世界最高的大淡水湖之一，还是世界上海拔最高的大船可通航的湖泊。它位于南美洲安第斯山区秘鲁和玻利维亚的边境上，面积 8330 平方千米。它的平均深度为 100 米，最大深度有 304 米。

的的喀喀湖畔印第安人使用的芦苇舟

的的喀喀湖

的的喀喀湖风光秀丽，景色宜人，是著名的游览胜地。湖内有 51 个岛屿，著名的有太阳岛和月亮岛。岛上有印第安人的古迹。生活在湖中的印第安人靠牧业、渔业为生。他们有一种奇特的交通工具——草舟，即用湖边的暗青色的香蒲草编扎成的小船。这种船轻便灵活，适合捕鱼。鳟鱼是湖中的特产。这个地区是印第安文化的发祥地之一。印第安人一向把的的喀喀湖奉为"圣湖"。

12世纪时，南美洲的印第安人曾在安第斯山区建立过一个相当开化的帝国。月亮岛上有宫殿、庙宇、建筑物及金字塔。湖底还发现一座古城遗迹，考古队发现的的喀喀湖在以前水位比较低。湖的南部遗址中，有一个用整块石头雕成的石门框。

这里有羊驼、骆马、美洲驼等许多独特的动物。对于当地人来说，这几种动物是他们生活中不可缺少的朋友。

的的喀喀湖畔的羊驼

☆ 非洲最大的湖泊——维多利亚湖

维多利亚湖位于坦桑尼亚、乌干达、肯尼亚三国交界，大部分在坦桑尼亚境内。它是由陆地局部洼陷而形成的。湖泊面积6.9万平方千米，是非洲大陆上面积最大的湖泊。

维多利亚湖，湖面海拔1134米，平均水深40米，最深处达80米。常年有众多的河水（如卡盖拉河和马拉河等）注入。湖水有一个外流口，形成维多利亚湖重要的泄洪道——里本瀑布，排水量每秒600立方米。著名的尼罗河的支流白尼罗河就发源于此。

维多利亚湖湖岸线长达7000千米。湖中岛屿星罗棋布，岛屿面积近6000平方千米。其中，乌凯雷韦岛面积最大。湖区水面开阔，形状似圆，水产极为富饶，尤以非洲鲫鱼著名，众多的渔村环湖分布。岸边棉花、水稻、甘蔗、咖啡和香蕉等作物广为种植。湖泊西岸的乌干达、坦桑尼亚等城镇，因受潮湿水汽的影响，成为东非著名的雷雨区。

☆ 贝加尔湖

贝加尔湖位于俄罗斯西伯利亚的南部伊尔库茨克州及布里亚特共和国境内，距蒙古国边界仅111公里，是东亚地区许多民族的发源地。它是亚欧大陆上最大的淡水湖，也是世界上最深和蓄水量最大的湖。湖的长度为636千米，平均宽度只有48千米。它的周围有336条河流的水注入湖中，从湖中流出的河流只有一条安卡拉河。

贝加尔湖平均深度730米，最大深度为1620米；总蓄水量23000立方千米，相当于北美洲五大湖蓄水量的总和，约占全球淡水总蓄水量的1/5。假如贝加尔湖是空的，全球所有大小河溪的水都向它流进

贝加尔湖景色

来，大约需要一年时间才能灌满。

贝加尔湖风景秀美、景观奇特，湖内物种丰富，是一座集丰富自然资源于一身的宝库。湖中的动植物比世界上任何一个淡水湖里的都多，其中1083种还是世界上独一无二的特有品种。贝加尔湖虽然是个淡水湖，湖里却生活着许多和海洋生物类似的动物，如贝加尔海豹、鲨鱼、奥木尔鱼等，只是在湖的某些岸边，才能找到一些普通湖泊中常见的淡水生物。

贝加尔湖海豹

☆火山口湖——克雷特湖

在美国俄勒冈州西南部，喀斯喀山脉南段的西侧，有一座原来被冰川覆盖的古火山锥——马扎马火山。在这座火山的顶部，有一个世界著名的火山口深湖——克雷特湖。

克雷特，英语译为"火山口"。火山口湖直径10千米，面积约100平方千米，湖面海拔1882米，其最大深度达589米，号称"火山口深湖"。

克雷特湖由于坐落在死火山口上，四周熔岩峭壁环绕。历史上马扎马火山的多次喷发，造成火山口参差不齐，怪石嶙峋。

湖中的威扎德岛，露出水面213米，也是火山喷发遗留下来的火山锥体。由此，构成了"火山口上有深湖，深湖之中有火山"的奇特景观。1902年，这里被辟为国家公园。

克雷特湖

☆ "天然的沥青厂"——沥青湖

在加勒比海的特立尼达岛上,有一个奇特的湖,这个湖中并没有很多水,而是有很多沥青,因此就叫做沥青湖。沥青湖的湖面漆黑闪亮,像一个黑色的大漆盆。更奇特的是,湖中的沥青似乎是取之不尽、用之不竭的。自1870年起,人们已经在这里开采了100多年,每年都要运走好几万吨沥青,可是湖面并没有下降。这是怎么回事呢?原来,湖底有块很软的地方,沥青就源源不断地从底下往上涌,因此,人们称它是"湖的母亲"。沥青湖的面积只有0.44平方千米,湖深却有90米,湖中沥青贮量达1200万吨,是世界上最大的沥青天然产地。有趣的是,在开采的过程中,还曾挖出过史前动物的骨骼、牙齿、鸟类化石,还有古代印第安人使用过的武器等用具。因此,沥青湖又被叫做"天然的历史博物馆"。

沥青湖

☆ 死海——没有生命的"大海"

死海位于亚洲西部巴勒斯坦、约旦、以色列之间,地处南北走向的大裂谷地带中段。名声颇大的"死海"虽以"海"称之,实际上只是内陆咸水湖。它南北长80千米,东西宽4.8~17.7千米,湖面面积为1020平方千米,湖面高度低于地中海海面398米,平均深度为300米,最深深度达395米,是世界上陆地最低处。

死海西岸为犹地亚山地,东岸为外约旦高原,约旦河自北向南注入死海。死海东岸有埃尔·利察半岛(意为舌头)突入湖中,把湖分为两部分,北边的大而深,湖面面积780平方千米,平均深度375米;南边的小而浅,湖面面积为260平方千米,平均深度6米。

死海地区气候酷热(年平均气温25摄氏度),水蒸发量极大(夏天每小时平均蒸发2.54厘米深的水),造成死海水面上总是弥漫和飘散着一层柔柔的水雾;而死海的海水碧绿,水面平静如镜,沉寂无声,没有一丝波纹,两边的山岩清清楚楚地倒映在水中,给海水投上一抹嫩红。

死海的水含盐量高达25%~30%,除个别的微生物外,没有任何动植物可以生存。当洪水到来时,约旦河及其他溪流中的鱼虾被冲入死海,由于含盐量太高,水中又严重缺氧,这些鱼虾必死无疑。然而,人掉进死海却不会被淹死。

相传公元70年,罗马军东征统帅狄杜处决几个被俘的奴隶,命令将他们投入死海中淹死,但这些被投到湖中的人却不下

在死海水面上可以躺着读报

沉,如此反复数次,狄杜以为有神灵保佑,就赦免了他们。

死海水中矿物质成分占33%之多,尤其是溴、镁、钾、碘等含量极高。自古以来,它便有医疗保健功效。据说公元前51年至前30年,埃及女王克娄巴派特拉就曾用死海水疗伤。古希腊哲学家亚里士多德也曾在他的著作中提过死海水的功用。死海海面上的空气是地球上最干燥、最纯净的,比一般海面上的含氧量高出10%,加上独特的自然景观和医疗功效,所以吸引了世界各地的无数游客。

在天气晴朗的日子里,碧波荡漾;而阴雨之时,则雾雨一片,朦朦胧胧,远山依稀,水天一色,死海总是让人感到迷离与神奇。

死海旁边自然堆积而成的盐堆

☆中国最大的淡水湖——鄱阳湖

鄱阳湖位于江西省北部,长江中游南岸,九江与南昌之间。湖形呈葫芦状,南北长170千米,东西最宽处达70千米,湖岸线长600千米。湖面海拔21.69米,平均水深7米,最深处29.19米,蓄水量约149.6亿立方米。湖泊面积为3583平方千米,是中国第一大淡水湖。鄱阳湖是一个很古老的断陷湖盆,大约在1.35亿年前,沉陷成巨大的盆地;距今六七千年前,积水成为湖泊;约在隋末唐初时期,湖面最大,定名为鄱阳湖。

大约到了宋初前后,长江主干道摆动南移,与湖口相依。赣水入江,泥沙沉积,在湖口县形成著名的梅家洲,大大阻碍了赣江水流入长江。近些年来,大量的泥沙沉积,导致湖面在不断地缩小。鄱阳湖集江西省境内的赣、抚、饶、信、修五河之水,流域面积达16.1万平方千米,湖水外泄流入长江干流,年平均来水量1500亿立方米,最大来水量达2300亿立方米,致使鄱阳湖湖面升降幅度变化较大,湖面好像具有呼吸功能的肺一样,随着漫长的时间变化而不断地"呼吸"着。鄱阳湖以松门山为界,分为南北两湖。北湖称西鄱湖,又叫落星湖,长40余千米,宽3~5千米,最窄处仅有800余米;南湖称东鄱湖,也叫官亭湖,最宽处达74千米,是鄱阳湖区的主湖。整个湖水北流,在湖口处注入长江。

鄱阳湖具有调节水量、蓄洪、航运等多种功能,也是候鸟越冬的理想之地。湖内约有90多种经济鱼类,银鱼是湖区有名的水产,为当地居民提供了可口的美味佳肴。

鄱阳湖夕照

☆八百里天然水库——洞庭湖

洞庭湖位于湖南省北部长江中游地区,因湖心小山洞庭山而得名。洞庭湖一向被认为是我国第一大淡水湖,在1825年时,面积还有6270平方千米。后来由于泥沙淤积和沿湖地区滥施围垦,使湖面日益变小,洪水期只有3900平方千米,面积已不及鄱阳湖大,因此退居为中国第二大淡水湖。

洞庭湖

洞庭湖不但同湘、资、沅、澧四水有联系,而且与长江相通。洞庭湖犹如一个巨型的天然大水库吞吐长江水,调节长江水量。每当汛期,一部分长江洪水奔入湖中,明显减轻了长江洪峰对下游地区的压力。1949年后,国家对洞庭湖进行全面规划和治理,建成了荆江分洪工程,整修了湖区的堤坝和湘、资、沅、澧四水入湖水道,兴修了许多蓄洪垦殖区和机电排灌站,基本上消除了水患。滨湖各县的农田大部分成为旱涝保收田,并为湖南全省提供了近1/3的商品粮,3/5的棉花以及君山茶、湘莲等著名特产。

☆长江三角洲上的明珠——太湖

太湖日落

太湖位于长江三角洲南缘。它的外形像半圆形,南北最长处68千米,东西平均宽度35.7千米,面积2420平方千米,是我国第三大淡水湖。

1949年后,国家在上游山区建造水库,减轻洪水威胁,并疏浚下游河港,加固圩堤,兴办机电排灌工程。太湖平原因此成为河渠成网、园田似锦、出产丰富、航运繁忙的"鱼米之乡"。

太湖风景秀丽,湖中散布的岛屿,连

太湖景色

茅舍的石湖风景区,暗香疏影的光福风景区,苍松翠竹的常熟虞山风景区,琼楼玉宇的无锡鼋头渚风景区以及洞壑幽奇的宜兴风景区等,构成了我国重要的太湖风景旅游区,每年都吸引成千上万的中外旅游者前来游览观光。

无锡蠡园位于太湖边

同沿海山峰和半岛,号称72峰。其他诸如西施梳妆、夫差遗恨的木渎风景区,花果遍山的洞庭东山风景区,荷红萍绿、竹篱

☆火山口湖——白头山天池

白头山位于中、朝两国边界上,是长白山的主峰。白头山天池就在白头山上,长5千米,宽4千米,周长约19千米,面积9.8平方千米。湖水的平均深度为204米,最深处达373米,是中国最深的湖泊。

白头山天池的水面海拔2194米,因此得名"天池"。为什么在这么高的地方有这样深的湖泊呢?原来,白头山天池是个

长白山天池俯视

火山口湖。在地质年代的第三纪末,弱碱性的熔岩大量喷出,形成了一个钟状火山。火山口中喷发出来的物质散落在四周成为凹坑。在1702年最后一次喷发后,凹坑中的积水逐渐增多,最后形成了一个火山口湖,即白头山天池。天池内壁是白色的浮石和粗面岩组成的悬崖峭壁,像一只精工雕成的玉碗。湖中波平如镜,水味甜美可口,到天池来游览的人都要喝上几口,甚至装满水壶带回去,与亲友共享。天池的水总是一年四季都不停地向外流淌,形成了两道白河,流入滔滔的松花江。

☆中国最大的咸水湖——青海湖

青海湖古时候叫"西海",蒙古语称"库库诺尔",意即"青色的湖"。它长105千米,宽63千米,最深处达27米,面积为4635平方千米,比4个死海的面积还要大。它是中国最大的湖泊,比中国最大的淡水湖——鄱阳湖还要大450多平方千米。

青海湖

青海湖位于青海省东北部。它像一面银光闪闪的大镜子,高悬在海拔3197米的山上,周围有大通山、日月山和青海南山三山环抱,布哈河自西北注入湖中。

青海湖水天一色,波光潋滟,流云雁影倒映湖中,十分迷人。汉族人民给它取名"青海湖",既说明了湖水的颜色,也反映了它的面积之大。蒙古族人民给它取名"库库诺尔"("库克诺尔"的变音),藏族人民称它为"错温布",都是青色的湖的意思。青海省也由此湖而得名。

青海湖中有4个小岛。最大的一个叫海心岛,岛上有流泉、草地,还有座喇嘛庙。喇嘛们在深冬季节带足生活用品从坚冰封冻的湖上走入岛中,在那里度过三四个月的疏软冰封期,因为这段时间既不能行船,又不能履冰而行。

青海湖中还有一个大名鼎鼎的鸟岛。这里水草丰美,吸引了大批候鸟来此栖息。这些鸟儿不远万里,从印度次大陆、马来半岛出发,越过高高的喜马拉雅山脉及横断山脉，来到这里生儿育女。

离鸟岛不远处还有一个蛋岛。蛋岛的面积更小，只有110平方米，上面分散地摊放着一个个鸟蛋。

又咸又苦、冰期又长的青海湖，还是西北地区的水产基地。这里出产的一种湟鱼，遍体无鳞，又称裸鲤。它肉质细嫩，最大的可长到10多千克，年产量约有4000吨。

青海湖的水源不足，蒸发量又大，湖泊的水位已比原来下降了100多米，面积小了1/3以上，而且还在不断缩小中。

青海湖鸟岛

☆ "天上"的湖泊——纳木错

纳木错

纳木错位于中国的青藏高原，面积1940平方千米，仅次于青海湖，是中国第二大咸水湖。纳木错处在海拔4718米的高原上，因此它是世界上最高的咸水湖。它比世界上海拔最高的淡水湖——南美的的的喀喀湖还要高900多米。"纳木错"即为当地藏族人民对它的称呼，蒙族人民叫它"腾格里海"，意思是"天湖""天海"。世界上有的湖虽比纳木错还要高，但面积很小。

纳木错在拉萨市的北面，由周围高山的雪水汇集而成。湖边牧草丰美，全年都可以放牧。湖水清澈见底，盛产肥美的细鳞鱼、无鳞鱼。

☆生命之泉——河流

纵横交错地分布于世界各地的大小河流沿岸,自古以来就是人类生息繁衍的主要活动场所。尼罗河、黄河、幼发拉底河、恒河等大河,曾经孕育了灿烂的古代文明,产生了埃及、中国、巴比伦和印度等文明古国。河流,被人们看作是生命的源泉,人类文明的摇篮。

地上本来没有河,是雨水、地下水和高山冰雪融水经常沿着线形伸展的凹地向低处流动,才形成了河流。一条河流的形成必须有流动着的水,有储水的槽,两者缺一不可。山间易涨易退的山溪,不能算河流。一条新河形成时,河水并不是向下流动,而是掉过头来,向源头伸展,河谷一天天向上游延伸。凡是天然形成的河流,都是这样"成长"起来的。

河流——人类文明的摇篮

世界上天然大河有很多,南美的亚马孙河是世界上流量最大、流域面积最广的河流。纵贯非洲东北部的尼罗河,长6671千米,是世界上流程最长的河流。我国的长江是世界第三大河,亚洲第一大河,全长6300千米。它穿越崇山峻岭,浩浩荡荡,蜿蜒东去,平均每年将约1万亿立方米的水量输送入大海。世界上著名的大河还有多瑙河、密西西比河、恒河、莱茵河、刚果河等等。

除天然河流外,

河流多发源于高山

还有人工开凿的河流——运河。世界上著名的运河有横贯中国的京杭大运河,连接地中海和红海的埃及苏伊士运河,沟通大西洋和太平洋的巴拿马运河。河流有外流河和内流河之分。直接或间接流入海洋的河流叫外流河,如我国的长江、黄河等。中途消失或注入内陆湖泊的河流叫内流河,如我国的塔里木河、柴达木河等。河流一般分为上、中、下游三段,上游坡陡水急,流量小;中游流速减慢,流量加大;下游平坦,流量最大,流速更慢。河流不仅是水分循环的主要路径之一,而且是塑造地表各种地貌地形的重要因素。

作为一种自然资源,河流在水利灌溉、航运、发电、养殖及城市供水等方面发挥着巨大的作用,但同时也会给人们带来洪水灾害。

☆ "河流之王"——亚马孙河

发源于秘鲁的安第斯山区、横贯南美洲北部的亚马孙河,全长6480千米,仅次于尼罗河,是世界第二长河。

亚马孙河有1.5万多条支流,河水流经巴西、哥伦比亚、秘鲁、玻利维亚、厄瓜多尔、委内瑞拉、圭亚那等国的全部或部分领土,组成了一张巨大的河网,罩在南美大陆之上。它的流域面积达705万平方千米,位居全世界第一位,是尼罗河的2.5倍,约占南美洲陆地面积的40%。

亚马孙河流经的地方大都是赤道雨林带,所以流量特别大,居世界之冠。河口年平均流量为22万米^3/秒;到了洪水期,可以达到28万米^3/秒以上。每年从马拉若岛附近排入大西洋的水量达6773立方千米,占世界所有河流注入海洋总水量的18%。在离河口300多千米远的大西洋上,还可以看到浑浊的河水。亚马孙河还是世界上通航最长的河流。干流自河口至伊基托斯,长3700千米,一路均可通行3000吨级的海轮。自秘鲁的圣佛西斯科至巴西的

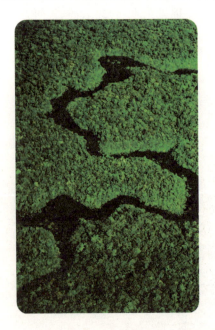

亚马孙河

70

贝伦，航程长达6187千米。

亚马孙河两岸是一望无际的热带丛林，各种树木交错生长，大大小小的河流成了一条条林中狭道。森林中动植物种类繁多，仅红木、乌木、缘木等贵重林木就有数百种之多。

这里人口稀少，农业用地很少。船是人们的住宅和活动场地，商店、学校都设在船上，连集会、婚礼和葬礼也都在船上举行。

腊神话中一个名叫亚马孙的女人王国，这个王国位于黑海高加索一带，王国里的妇女英勇善战，尤精骑射。由此，奥雷利亚纳便把乘船航行过的这条世界最长的河取名为亚马孙河，并流传下来，沿用至今。

还有人说，"亚马孙"来源于印第安语，在印第安语中，称大潮为"亚马孙奴"。由于海潮可以沿亚马孙河上溯1000多千米，潮头又高，所以印第安人以大潮称呼亚马孙河。

☆ 亚马孙河的得名

亚马孙河的得名，可追溯到16世纪。公元1541年，西班牙殖民者弗朗西斯科·奥雷利亚纳率领一支探险队，对亚马孙河进行全面考察。他们启航之后，由于大河两岸森林密布，猛兽出没，渺无人迹，带来的食品吃光后便无法补充，他们随时面临着饥饿的严重威胁。正当一筹莫展之际，他们发现附近有一个印第安人的村庄，便停靠在这里。上岸后，他们疯狂地抢劫村里的粮食，与手持大刀、长矛和弓箭的印第安人发生了激战。印第安人的勇敢不屈，使奥雷利亚纳和其他殖民者惊恐万分，尤其是那些强悍的印第安妇女，更给他们留下了深刻的印象。奥雷利亚纳想起了希

亚马孙雨林

☆欧洲第一大河——伏尔加河

伏尔加河发源于莫斯科西北面的瓦尔代丘陵,曲折南流,沿途经过喀山、乌里扬诺夫斯克、伏尔加格勒等重要城市,流入里海。其干流全长3530千米,流域面积136万平方千米,是欧洲第一大河。因为它不与海洋相通,所以它是世界上最长、流域面积最广的内流河。

伏尔加河像一棵枝杈蔓生的大树,它的中下游大约分布着200条大大小小的支流,其中70多条可以通航。通过运河交通网,它可以通往波罗的海和亚速海,直达莫斯科,航运十分便利。在著名的港口和支流卡马河上,还建有高尔基、雷斯宾斯克、古比雪夫等大型水利枢纽工程和梯级电站,组成了巨大的水电网。河中鱼产丰富,每年有三五个月的冰封期。

伏尔加河

伏尔加河还是里海的"加油站"。由于蒸发严重,里海的水量在不断减少,面积在不断缩小。伏尔加河每年供应里海的水量达255立方千米,几乎等于亚速海的水量,减缓了里海变小的速度。如果没有伏尔加河,里海就失去"世界第一大湖"的称号了。

☆美丽的国际河流——多瑙河

多瑙河

全世界约有200条国际河流,而流经国家超过10个的只有多瑙河。

多瑙河发源于德国黑林山的东坡,向东依次流经奥地利、斯洛伐克、匈牙利、波黑、罗马尼亚、保加利亚和摩尔多瓦这8个国家,最后在罗马尼亚分成3条支流,流入黑海。多瑙河的干流全长2850千米,流域面积达81.7万平方千米,是欧洲的第二大河(仅次于伏尔加河)。它有支流300

地球地理

多条,其中的一些支流还流经意大利、波兰、瑞士和阿尔巴尼亚4国。多瑙河流域包括了大部分欧洲国家的领土。

多瑙河从源头到奥地利境内的一段是上游。这一段河道狭窄,河床坚硬,水流也较湍急。

自斯洛伐克的布拉迪斯拉发出发至罗马尼亚和南斯拉夫交界处的铁门峡谷是中游。这一段经过的大多是平原和低地,水量较大,是重要的航道。铁门峡谷,长107千米,最窄的地方只有150~200米宽,水下岩石倾斜,河水落差大。1972年罗马尼亚和南斯拉夫已在这里合建了一座发电能力为210万千瓦的水电站。电站的拦河

大坝长约1200米,高达75.5米,有25层楼房那么高。坝顶筑有宽阔的公路,大坝两侧的大船闸可通行1500吨的船舶。

铁门以下,多瑙河进入下游平原。这里河面开阔,水流平稳,3条支流在河口附近形成了一个扇形三角洲。三角洲上河汊纵横,芦苇丛生,栖息着塘鹅和朱鹭等欧洲稀有的鸟类。

多瑙河水色碧清,景色秀丽,被称为"蓝色的多瑙河",是东南欧重要的交通大动脉。奥地利的首都维也纳,匈牙利首都布达佩斯,南斯拉夫首都贝尔格莱德,斯洛伐克的首都布拉迪斯拉发都建在多瑙河畔。

☆ "东方伟大的航道"——苏伊士运河

过去,印度洋、太平洋西岸各国的船只要到西欧、北美各国去,必须绕过非洲大陆南端的好望角。自1859年起,埃及人民用了10年时间,在地峡上开凿了一条苏伊士运河,把红海和地中海、印度洋和大西洋联结起来。这就大大缩短了从印度洋、太平洋西岸各国到西欧、北美的距离。船只经苏伊士运河要比绕道好望角缩短8000~1万千米的航程,节省10~40天航行时间。因为地处欧、亚、非三洲要冲的苏伊士运河在国际航行中有着如此重要的战略意义,所以马克思称它为"东方伟大的航道"。

苏伊士运河北起地中海的塞得港,南抵红海的苏伊士和陶菲克港,全长173千米。自塞得港

苏伊士运河

73

辽阔的苏伊士运河

从伊斯梅利亚向南,运河先后到达大苦湖和小苦湖。这两个湖泊原来是干涸的,运河开通后才蓄满了水。运河自小苦湖出来后就可直达红海之滨的苏伊士港和陶菲克港了。

苏伊士运河上没有船闸,船只通过比较方便,但运河宽度不够,大部分地段船只只能单行,每隔八九千米就要设置一个河面较宽的"避让站",船只通过一般需要14~22小时。

南行,两岸是一望无际的大沙漠。到了提姆萨湖,也就是到了运河的行政管理中心——伊斯梅利亚城,恰好是运河的中部,这里绿草如茵,树木成行,被称为"运河的新娘"。

苏伊士运河能够通过几十万吨的巨轮,是世界上最繁忙的运河之一。

☆ 巴拿马运河

位于中美洲巴拿马境内的巴拿马运河,全长只有81.3千米,却有着举足轻重的作用。因为它沟通了太平洋和大西洋这两个地球上最大的海洋之间的交通。从美洲地图上,可以看到美洲是一个南北延伸的大陆,好像一道堤坝,横亘在两大洋中间。堤坝的南北两头,即南美洲和北美洲,都是宽阔的大地,犹如哑铃的两只球,由中美洲的细颈连接着。其最狭窄处就在巴拿马境内,巴拿马运河从这里沟通两洋的水道,使东西行驶的船只不必再绕过南美洲

巴拿马运河

最南端的麦哲伦海峡,航程可缩短近1万千米。但是由于巴拿马的地势较高,要开

繁忙的巴拿马运河

凿出一条沟通两大洋的运河很不容易,它的开凿,前后经历了33年,于1914年才投入使用。

巴拿马运河的特点在于运河的两端虽然与海平面保持齐平,与两大洋相通,但运河的中部在通过高地时将河床提高,用水闸来提高水位并使船舶通过。因此,这实际上是一条"赶船舶过山"的运河。由

于采用这种将船舶"逐步提升",再"逐步放下"的特殊过山方式,船舶通过这条总长仅81.3千米的运河,却需要8个小时。巴拿马运河宽152.4~304米,水深14.3米,全线共有提高水位的船闸6座,可使4~4.5万吨级的海轮通过。

虽然船舶通过巴拿马运河需要"爬山下坡",很不方便,但这条运河却有十分重要的地位,它是世界有名的繁忙海运线之一。该运河通航后,每年通过的船舶约1.4~1.5万艘,通过货物超过1亿吨。90多年来通过货物总量已达100亿吨之多。沟通太平洋与大西洋的通道,对于经济大国美国和日本来说,最具有举足轻重的意义。

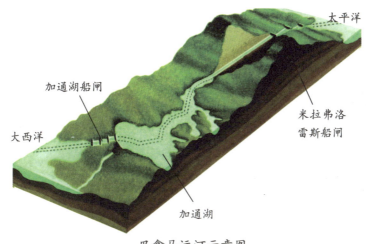

太平洋
加通湖船闸
大西洋
米拉弗洛雷斯船闸
加通湖

巴拿马运河示意图

☆ "老人河"——密西西比河

美国中南部的一条大河，很早以前就被当地印第安人尊称为"密西西比"，意思就是"老人河"。

密西西比河发源于落基山脉的密苏里河，自西向东，到美国圣路易斯附近折向南流，注入墨西哥湾。它全长6262千米，仅次于尼罗河、亚马孙河和长江，是世界第四大河。它的流域面积遍及美国各州和加拿大的两个省，达322万平方千米，排在世界第五位。

密西西比河所流经的大部分是平原地区，每年大约要携带三四亿吨沙冲入墨西哥湾，在湾口堆积起一个很大的扇形三

密西西比河上的游船

角洲。以前，中下游河道比较曲折，泥沙沉积在河滩上形成许多弓形湖（牛轭湖）和沼泽地，非但交通不畅，每年春夏河水暴涨，常常河堤决口，泛滥成灾。近50年来采取了一系列治理措施，如把曲折河岸改直，保护堤岸，修筑了很多溢洪道和水库等，基本上控制了洪水。

密西西比河和众多的河流构成了美国最大的内河航运网。经过疏浚整治，从河口上溯水深3米以上的航程长达3000千米，并且可以通达五大湖。河道已逐步建设成为现代化的航道系统，运输能力特别高。

密西西比河

☆中国第一大河——长江

长江上源沱沱河

长江古称"大江"或"江",一向以源远流长闻名世界。它发源于青藏高原唐古拉山主峰各拉丹东的沱沱河。长江自沱沱河发源后,浩瀚的江水从巍峨的雪山中奔腾而出,浩浩荡荡,曲折东流。从沱沱河与另一条河流当曲会合处到青海省玉树,称通天河。玉树以下到四川宜宾为金沙江。金沙江流经横断山区,有许多险峻的峡谷地段,两侧雪山、峭壁耸立的"虎跳峡"便是其中之一。金沙江在宜宾与岷江会合后始称长江。宜宾以下,在四川白帝城和湖北宜昌之间,长江横切巨大的山岭,形成了壮丽的长江三峡。宜昌以上为长江上游。长江的江水自宜昌奔出了山地,开始进入中游平原地区。在中游,长江接纳了鄱阳湖、洞庭湖两大水系,河道迂回曲折,湖泊密布,水量继续增加。为了防止泛滥,筑有荆江分洪水利枢纽。自江西湖口以下,江

水便流入下游河道了。长江下游江阔水深,水网密布。它在江苏江阴以下形成了三角洲,最后从上海市注入东海。

长江长达6300千米,仅次于非洲的尼罗河和南美洲的亚马孙河,居世界第三位,是中国的第一大河。它的流域的总面积有180多万平方千米,约占全国总面积的1/5。长江江阔水深,是我国南方的交通大动脉,素有"黄金水道"之称。长江流域拥有约2666平方米肥沃的耕地和上海、南京、武汉、重庆等重要的工商业城市。这里矿产资源丰富,工农业发达。我国有3亿多人口生活在它的怀抱中。

三峡段景观

☆中华民族的摇篮——黄河

黄河是中国第二大河,全长5464千米,流域面积75.24万平方千米。

黄土高原上的九曲黄河(遥感照片)

黄河是中华民族的摇篮,我国古都咸阳、长安(现在的西安)、洛阳和开封都位于黄河流域,历史上北京也在黄河流域。黄河流域有约2000亿平方米肥沃的耕地,黄河用自己的乳汁哺育了中华民族。黄河发源于青海巴颜喀拉山西段北麓卡日曲河的涌泉。流经青海、四川、甘肃、宁夏、内蒙古、陕西、山西、河南、山东九省区,最后注入渤海。

自源头到内蒙古自治区的河口是黄河的上游。开始一段河水清澈透明,两岸水草丰美。流到青海高原东部,沿途穿过龙羊峡、刘家峡等不少峡谷。峡谷中水流湍急,水力资源极为丰富,那里已建立了好几个大水电站。黄河出青铜峡,进入宁夏平原和河套平原。河套平原农田肥沃,草原肥美,有"黄河百害,唯富一套"的说法。

自河口至河南省孟津是黄河的中游。在禹门口,黄河被龙门山所夹峙,急流从只有百米宽的河槽中涌出,这就是有名的"龙门"。过风陵渡后,黄河又急转东流,穿过三门砥柱(也叫三门峡)。这里是著名的三门峡水利枢纽所在地。在中游段,黄河流经黄土高原,又有汾河、渭河等支流汇入,水量增大,含沙量剧增,河水变得十分浑浊,是名副其实的"黄河"了。

自孟津至入海口是黄河的下游,就是华北平原。这里河道宽阔,水流缓慢,携带的泥沙大量沉积下来,使河床不断抬高。

从郑州邙山看黄河

为了防止河水泛滥，河堤也不得不一再加高，自郑州黄河花园口一段起，河床平均比两岸地面高4～5米，有的地方甚至高达10米，成了世界闻名的"地上悬河"。所以一旦河堤决口，黄河改道，常常造成灾害。

黄河不但以"地上悬河"闻名世界，而且还是输沙量最大的河流，素有"一碗水，半碗泥"的说法。最大年输沙量可达43.9亿吨，平均年输沙量有16亿吨。

黄河之水天上来

☆黄河九十九道弯

黄河以母亲河居称的同时，也以它夸张的曲折度而闻名于世，因此它有"黄河九十九道弯"之说。它在青藏高原上，就绕着积石山，做了一个180度的大回环。到了甘肃以后，它没有按照通常的习惯向东流，而是舍近求远，继续北上，流到内蒙古鄂尔多斯高原两侧，先向北，后向东，而后向南，又来了个180度大回环，在陕西的潼关拐了一个90度直角，向东奔入大海，形成一个巨大的"几"字。黄河河道的走向有两处令人不解。一处在陕西与甘肃的交界处，这里，黄河本来可以自西向东流进渭河，却被一座不高的山岭——鸟鼠山分隔开来。另一处在内蒙古托克托（即河口镇）以东到凉城一线，这里黄河本来可以顺直地向东流入永定河上游的洋河，再流往天津入海，却偏偏南下，绕了一个很大的弯子。因此，人们推测，在遥远的古代，黄河

可能是走渭河东流入海的。与此同时，还有另一条河流绕过鄂尔多斯高原，在托克托向东流入岱海盆地，进入永定河上游的洋河，在天津流入渤海。

这种说法是有一定根据的。因为直到今天也可以看到，渭河宽不过百十米，两岸却有两层高高的阶地，每层阶地相对高差都在二三十米以上。阶地是当年河流留下来的遗迹。当爬上高高的二道塬时，距离渭河岸边已经有好几千米。凭今天渭河的水量，不管怎样也不可能造成这样宽阔的河谷。

人们推测，大约在距今2000多万年到500万年的新第三纪时，黄河本来是沿着它的支流洮河上溯，再穿过鸟鼠山，进入渭河的。由于后来鸟鼠山一带发生地壳抬升，阻断了古黄河上游与渭河的联系，它只好改道北上，流入当时的另一条河流，也就是今天的黄河。至于托克托黄河的弯曲，

大概也是地壳运动造成的。但所有的一切都只是推测，没有一个确切的证据，所以，直到今天黄河为什么有九十九道弯也仍是一个谜。

☆携手同归南海的大动脉——珠江

在祖国华南，奔流着一条支流众多、水量丰富的河流，这就是我国第四大河流——珠江。珠江原为广州以下入海河道的名称，现为东江、北江和西江的总称。东江发源于江西南部，至广东惠阳以西同珠江汇流，向南流经虎门由狮子洋入海。北江在南岭山地发源，向南流至广东三水与西江相逼近，主流经洪奇沥注入南海。西江上源南盘江和北盘江，源出云南北部，两江在黔桂边界汇合后叫红水河，以下又先后与柳江、郁江、桂江汇合才称西江，经广东鹤山、江门，从磨刀门奔向南海。西

珠江一景

江、北江、东江在珠江三角洲上有很多汊流，而且越向下游，汊流越多，形成网状河道系统。这一系统使三江之间能够相互沟通，最后一同流归南海。

珠江

☆水陆并用的东北交通线——黑龙江

黑龙江，满语称"萨哈连乌拉"，意即"黑色的巨江"。它流经地区森林茂密，水草丰盛，江水中腐殖质含量丰富，使江水呈现青黑色，因此叫黑龙江。黑龙江源于我

国东北大兴安岭西坡的额尔古纳河和蒙古人民共和国北部的肯特山麓的石勒喀河。南北两源在漠河以西汇合后称黑龙江,再与支流松花江和乌苏里江汇合后东流,最后在俄罗斯境内鞑靼海峡入海。它全长4370千米,中段是中俄界河,流经在中国境内的干流长3101千米;流域面积184.3万平方千米,其中48%在中国境内。黑龙江及其支流松花江和乌苏里江,水量都较丰富,通航里程较长。松花江货运量要占我国境内黑龙江流域货运总量的95%,是我国东北地区最好的一条水运干线。即使在每年半年左右的冰冻期间,黑龙江的交

黑龙江支流松花江

通也畅通无阻。冰冻期间河流冰冻层的厚度达0.8～2米,人们可以驾驶着汽车和雪橇在上面通行自如。黑龙江流域除了具有水力和航运之利,还有丰富的水产资源,大麻哈鱼就是这里的著名特产。渔民们不仅在夏天可以驾船在江面上张网捕捞水产,即使在冬季封冻之后,也可以凿冰捕鱼。

☆最长的内流河——塔里木河

在我国西北干旱地区,降水量小而蒸发量极大,使地面上的河流既少又短,往往是没流多远便不见了踪影。不过在塔里木盆地的北部,我们还是能看得见一条不甘消失的内陆河,这就是我国最长的内流河——2137千米的塔里木河。

塔里木河受益于塔里木盆地周围的

高山而碧水长流。每当夏季,天山、昆仑山、喀喇昆仑山和帕米尔高原上的积雪消融,便汇成塔里木河的支流——阿克苏河、和田河和叶尔羌河。有了众多的水源,就使塔里木河始终水流不绝,波涛汹涌。

不过,塔里木河最终没有流到大海里去,而是流进了游移不定的无底盆——罗

塔里木河

布泊里去了。为了根治塔里木河和罗布泊,1949年以后新疆各族人民在塔里木河上兴建了一座拦河大坝,让原先流进罗布泊的塔里木河水,转而流向台特马湖,这样就使塔里木盆地的河、湖基本得到稳定,沿河两岸和湖泊周围的农牧业生产发展也就得到了保障。

☆地球之上水多少

如果将地球的陆地全部填入海中,使地球成为表面光滑的球体,那么地球的表面将被2500米深的海水淹没。因为地球面积的71%覆盖着水,达31620万平方千米。

把地球最高峰——8844.43米的珠穆朗玛峰放到海洋中最深的地方,它的顶峰还差2000米才能露出水面。

在地球的总水量中,海水占了97%,淡水只占3%,而其中冰占总淡水量的2/3。

如果南极的冰都化为水,这时海水表面将上升60米,许多沿海城镇都将被淹没在大海之中。

如果地球的全年降水量,都汇集在地面而不流失,我们就得在1米深的水中行走。

如果不下雨的话,地球上的淡水只够人类、动植物使用4年多一点。

除了地表水以外,在大气圈里,也都

海水占地球总水量的97%

充满了水。在离地面3.5千米的大气层里,所含水分占整个大气层水分的70%,而在离地面5千米的大气层中,所含水分占全部的90%。在1立方千米的云层里,共有水分2000吨,1立方千米的冰雹层里,所含的水量达6000吨。所以,我们头顶上变幻莫测的云层实际上是一座座空中"悬浮水库",它随时都会把大量的储存水无情地倾泻到地球表面。如果没有大气水和地球水之间的不息循环,人类很难生存。

淡水资源是地球上最宝贵的资源

地球上的动植物物种命运

地球上的生物物种,最早约有2500万种,而现在已减到约300万种左右了。在未来20年内,现在的动植物将有60~100万种会遭灭绝的命运。

近200多年来,地球上的动物已经灭绝了1000多种,其中鸟类有130种,兽类110多种,还有2400多种野生动物濒于灭绝的边缘。

现有3万多种野生植物濒临灭绝。仅高等植物每年约灭绝200多种,还有10%~20%的物种濒于灭绝。许多生物学家担心,如果继续下去,后果不堪设想。

☆世界第一大洲——亚洲

亚洲是亚细亚洲的简称,位于东半球的东北部,东临太平洋,南接印度洋,北濒北冰洋。西面通常以乌拉尔山脉、乌拉尔河、里海、高加索山脉和黑海与欧洲分界;西南面以红海、苏伊士运河与非洲为界;东北面隔着白令海与北美洲相望;东南面以帝汶海、阿拉弗拉海及其他一些海域与大洋洲为界。其总面积为4400万平方千米,占世界陆地总面积的1/3,是世界上第一大洲。

亚洲有辽阔的高原和许多耸入云霄的大山脉。高原、山地约占全洲总面积的

3/4。青藏高原、伊朗高原、德干高原和蒙古高原是亚洲的四大高原。青藏高原平均海拔在4000米以上，位于青藏高原南部的喜马拉雅山脉，平均高度在海拔6000米以上。除喜马拉雅山脉外，亚洲的著名山脉还有昆仑山脉、天山山脉、阿尔泰山脉和兴都库什山脉等。在七大洲中，亚洲的山脉及高峰最多。

由于亚洲的地势中部高、四周低，许多大河流都从中部高原、山地发源，呈放射型流向周围各海洋。向北流入北冰洋的有叶尼塞河、鄂毕河、勒拿河；向东流入太平洋的有黑龙江、黄河、长江、珠江和湄公河；向南流入印度洋的有恒河、印度河等。在这些河流的中下游，一般都分布有广阔的平原和三角洲，如恒河平原、印度河平原、华北平原、长江中下游平原等。

青藏高原牧场

亚洲处于环太平洋火山、地震带上，是世界上活火山最多的一个洲，地震也较频繁。亚洲的平原面积、大陆架面积、半岛面积、长河及内陆河流数量都堪称世界第一。亚洲地跨寒、温、热三个气候带，气候复杂多样，以季风气候为主。夏季高温多雨，冬季寒冷干燥。

亚洲矿产资源丰富，石油、煤、天然气分布广泛，其中西亚地区的沙特阿拉伯已探明的石油储量居世界第一位。此外，伊朗和科威特也有丰富的石油资源。

亚洲有40多个国家和地区。中国和印度是亚洲人口最多的国家。亚洲以黄种人为主，西亚和南亚有白种人分布，在阿拉伯半岛和马来群岛，也有少数黑色人种。

黄河壶口瀑布景观

☆高原大陆——非洲

非洲位于东半球的西南部,东接印度洋,西临大西洋,北以地中海和直布罗陀海峡同欧洲相望,东北隔苏伊士运河、红海和曼德海峡与亚洲相邻。其面积为3020余万平方千米,是世界第二大洲。

非洲是一个高原大陆,全洲平均海拔在600米以上。整个大陆的地形从东南向西北稍有倾斜。东部和南部地势较高,分布有埃塞俄比亚高原、东非高原和南非高原;世界著名的东非大裂谷就在东非高原和埃塞俄比亚高原上。东非大裂谷全长约6500千米,被称为"地球上最大的伤疤"。

非洲中部和西北部地势较低,分布有刚果盆地和撒哈拉沙漠。撒哈拉沙漠面积达约960万平方千米,是世界上最大的沙漠。撒哈拉沙漠中广布着沙丘、砾石戈壁,只有少数地方由于地下水流出地表而形成绿洲,是沙漠中人烟比较稠密的地方。非

撒哈拉沙漠景观

洲的水力资源丰富,蕴藏量占世界总量的20%以上。尼罗河、刚果河、尼日尔河和赞比西河是非洲的四条主要河流。尼罗河全长6671千米,是世界流程最长的河流。在干燥的沙漠里,由于尼罗河的泛滥而形成了一条带状的"绿色走廊"。这里是农业生产条件最好的地区。

非洲地跨南北两个半球,赤道横贯中部,气候带南北对称分布。该地通常气温高,降水少,干旱地区广,有热带大陆之称。动、植物资源非常丰富。在茂密的热带雨林和热带草原地区,生长着许多珍稀动物,如猩猩、狮子、羚羊、长颈鹿、斑马和大象等等。咖啡、枣椰、剑麻和丁香是非洲著名的经济作物。

非洲的地下资源也非常丰富,素有"世界原料宝库"之称。黄金和金刚石的产量一直占世界首位;石油、天然气及铜、锰、铀、铝土、钨、铬等矿产储量也很丰

尼罗河风光

富,常被称为"富饶的大陆"。

非洲是人类的发源地之一。在非洲发现的大约200万年以前的人类化石,是迄今所见的人类最早的化石。非洲现有55个国家和地区,人种以黑种人为最多。

☆世界第三大洲——北美洲

北美洲位于西半球的北部。它西接太平洋,东临大西洋,西北面和东北面分别与亚洲和欧洲隔海相望。北面与北冰洋相邻,南面以巴拿马运河与南美洲相接。

北美洲面积2422.8万平方千米,是世界第三大洲,共有23个国家和13个地区。

北美洲的地形是东西两侧高,中部低。西部耸立着高大的科迪勒拉山系。这个山系由数列大致平行的山脉组成:东面的一列叫落基山脉,海拔2000~3000米,它是科迪勒拉山系的主体;西面沿太平洋海岸的一列,有海岸山脉和内华达山脉等。

五大湖区景观

在东西两列大山脉之间是广阔的高原和盆地,著名的科罗拉多高原就分布在这里。北美大陆中部是一片广大的平原地带,平原的南半部是密西西比平原,密西西比河从这里流过;平原的北半部是著名的五大湖区,苏必利尔湖、密歇根湖、休伦湖、伊利湖和安大略湖都集中在这里。这五大湖的总面积达24.5万平方千米,是世界最大的淡水湖群。

北美洲地跨寒、温、热三带,气候类型多种多样,而且地形对气候的影响很大。北美洲大部分地区冬冷夏热,气温变化大,属温带大陆性气候。

科罗拉多大峡谷风光

北美洲原有3个岛国(海地、多米尼

加共和国、古巴）。第二次世界大战后，又有10个岛国脱离殖民统治获得独立（牙买加、特立尼达和多巴哥、巴巴多斯、巴哈马、格林纳达、多米尼加联邦、圣卢西亚、圣文森特和格林纳丁斯、安提瓜和巴布达、圣克里斯托弗和尼维斯），所以至今已有13个岛国，是世界上岛国最多的洲。北美洲有白种人、印第安人、黑种人、黄种人，印第安人是当地的土著居民。

原产于加拿大东部和美国的糖槭树

☆三角大陆——南美洲

南美洲位于西半球的南部，西临太平洋，东接大西洋，北临加勒比海，西北角通过中美地峡与北美洲接壤，南隔德雷克海峡与南极洲相望。南美洲总面积为1797万平方千米。整个南美洲是一块巨大的三角形陆地，北面宽，南面窄。

南美洲东部分布着几块古老高原，自北向南为圭亚那高原、巴西高原和巴塔哥尼亚高原。其中巴西高原的面积达500多万平方千米，是世界最大的高原。西部临太平洋海岸，绵延着南北长8900千米的安第斯山脉，是世界最长的一条山脉。在东西两侧的高原群山之间，分布着三个大平原：北部的奥里诺科平原、中部的亚马孙平原和南部的拉普拉塔平原。亚马孙河自西

向东流经南美洲，全长为6480千米，是南美第一大河。亚马孙河流域，年平均降雨量多达1500～2000毫米，年平均气温为25℃～27℃，形成了面积达373万平方千米的世界最大的热带植物园。在郁郁葱葱的热带雨林中，生长着许多极为珍贵的动植物。如巨大的王莲，花朵美丽，芬芳悦

南美洲亚马孙王莲

人。它那巨大的莲叶，直径长达2.5米，漂浮在水面上，能承载30千克体重的儿童。雨林的鸟类多达1500种，河水中的鱼类有2000余种。

南美洲位于北纬12度和南纬56度之间，赤道横贯中部，气候暖湿，最冷月平均气温都在0℃以上。这里盛产天然橡胶、可可、金鸡纳霜。

南美洲的人种成分较复杂，混血种人、印第安人、白种人和黑种人是主要的人种，分布在13个国家和地区。

南美洲巴塔哥尼亚高原

☆半岛大陆——欧洲

欧洲位于东半球的西北部，与亚洲大陆相连，合称亚欧大陆。它北临北冰洋，西濒大西洋，南隔地中海与非洲相望。它的总面积仅为1016万平方千米，不到亚洲面积的1/4，在世界七大洲中，面积仅大于大洋洲。在地理上习惯把欧洲分为南欧、西欧、中欧、北欧和东欧五个部分。南欧国家包括罗马尼亚、克罗地亚、塞黑、希腊、西班牙等国家；西欧包括英国、法国、比利时等国家；中欧包括德国、波兰、匈牙利、奥地利、瑞士等国家；东欧包括俄罗斯、乌克兰、白俄罗斯等国家；北欧包括芬兰、瑞典、挪威等国家。

由于海洋深入欧洲大陆，形成许多海湾和内海，使欧洲大陆边缘被分割成许多半岛和岛屿，因此，海岸线特别曲折，岛屿及半岛分布众多。较大的半岛有斯堪的纳维亚半岛、巴尔干半岛、亚平宁半岛和伊比利亚半岛。岛屿主要在大西洋中，有大不列颠岛、爱尔兰岛和冰岛等。内海有黑海、爱琴海、亚得里亚海和波罗的海。

欧洲大陆的地形与亚洲大陆有很大不同。海拔200米以下的平原约占欧洲总面积的57%；海拔超过500米的高地仅占总面积的17%，是世界各大洲中平均高度最低的一个洲。著名的平原有东欧平原、中欧平原和西欧平原。这三大平原连成一

挪威风光

片，绵延 3500 千米。

欧洲的山脉主要集中在北部和南部。南欧的阿尔卑斯山脉高大雄伟，平均海拔 3000 米左右，最高的勃朗峰海拔 4807 米。北欧的斯堪的纳维亚山脉是一座历史悠久的古老山脉，因久经外力的侵蚀，高度正在降低。

欧洲的河流和湖泊在七大洲中是最多的。伏尔加河是欧洲第一大河，也是世界最大的内陆河，全长 3530 千米，流域面积 136 万平方千米。伏尔加河孕育了俄罗斯灿烂的文化，所以被俄罗斯人民称为"母亲伏尔加"。多瑙河是一条著名的国际河流，全长 2850 千米，自西向东流经欧洲众多的国家。它像蜿蜒在欧洲大陆上的一条蓝色飘带，给欧洲大陆的自然风貌增添了无限的风姿，素有"蓝色的多瑙河"的

伏尔加河

美誉。

欧洲是世界资本主义和殖民主义的发源地，绝大多数国家的经济都比较发达。欧洲也是白种人的故乡，有 7 亿多人口，是世界上人口最稠密的地区，尤其是城市人口密度更大。但人口自然增长率普遍低于其他各洲。

美洲为什么又叫新大陆

美洲是南美洲和北美洲的合称，也是亚美利加州的简称，又称新大陆。"亚美利加"是从一个探险者的名字而来。

1492 年开始，意大利航海家哥伦布 3 次西航。他到达了现在美洲的巴哈马群岛，可他自己以为到了印度，就把发现的岛屿叫西印度群岛，并把那里的土著居民叫印第安人，即印度人。

后来，有一个名叫亚美利哥的意

大利探险家于 1499～1504 年间到美洲探险，并到了南美洲的北部地区。他证明 1492 年哥伦布发现的这块地方只是欧洲人所不知的"新大陆"，而不是印度。后来意大利历史学家彼德马尔太尔在他的著作中首先用新大陆称呼美洲，德国地理学家华尔穆勒在他的著作中以亚美利哥的名字称这块大陆为亚美利加州，由此一直沿用至今。

☆世界最小的洲——大洋洲

大洋洲是世界七大洲中面积最小的一个洲。它位于亚洲和南极洲之间，西邻印度洋，东临太平洋，并与南北美洲遥遥相对。它在国际交通和战略上具有重要的地位。其主体部分是澳大利亚大陆，因此，过去把大洋洲称为澳洲。

大洋洲在地理上划分为澳大利亚、新西兰、新几内亚、美拉尼西亚、密克罗尼西亚和波利尼西亚六区。全洲陆地面积约为897万平方千米，人口总计有3000多万，是世界上面积最小、人口最少的一个洲。它有14个独立国家：澳大利亚、巴布亚新几内亚、斐济、基里巴斯、马绍尔群岛、密克罗尼西亚、瑙鲁、帕劳、萨摩亚、所罗门群岛、汤加、图瓦卢、瓦努阿、新西兰。其余十几个地区为美、英、法等国的属地。

澳大利亚红袋鼠

大洋洲的大陆海岸线长约19000千米。岛屿总数1万多个，面积约为133万平方千米，其中新几内亚岛为最大，是世界第二大岛。从成因上看，它主要有大陆岛、火山岛和珊瑚岛三种类型。伊里安岛是大洋洲中最大的大陆岛。此外，新喀里多尼亚岛、所罗门群岛、俾斯麦群岛等，都属于大陆岛。大洋洲中，火山岛的分布也很广泛，夏威夷群岛中的一些大岛都属于火山岛。珊瑚岛地势低平，表面平铺着沙质，面积一般都不大。在澳大利亚大陆东北部海岸的外侧，分布着一列南北延伸2000多千米的珊瑚礁群，称为大堡礁。它是澳大利亚人最引以为豪的天然景观。

澳大利亚土著人

大洋洲里的动植物，具有许多其他大陆所没有的特点。这里有3/4的植物品种是其他大陆所没有的。大约在2亿年前，澳大利亚就同其他大陆分离，孤立存在于南半球的海洋上，长期以来，由于自然条件比较单一，动物的演化很缓慢，至今还保存着许多古老的物种。那里没有高级的野生哺乳动物，只有低级的有袋类动物，如腹部有口袋以保存幼兽的大袋鼠、吃桉树叶生活的袋熊，以及卵生的哺乳动物鸭嘴兽等。

鸭嘴兽

大洋洲的地下矿产资源也相当丰富，而且不少矿藏离地面很近，便于开采。地下矿藏主要有镍、铝土矿、金、铬、磷酸盐、铁、银、铅、锌、煤、石油、天然气、铀、钛和鸟粪石等。

大洋洲的土著居民是棕色人种，现在的白种人是欧洲移民的后裔。

亚洲为什么叫亚细亚洲

在世界七大洲中，亚洲面积最大，人口最多，名字也最为古老。亚洲全称为亚细亚洲，意思为"东方日出处"。相传是由古代腓尼基人所起。公元前2000年中期，腓尼基人在地中海东岸（今叙利亚一带）建立起强大的腓尼基王国。他们凭着精湛的航海技术，活跃于整个地中海，甚至能穿越直布罗陀海峡驶入茫茫的大洋之中。腓尼基人称地中海以东的陆地为"ASU"，意即"东方日出处"；称地中海以西的陆地为"Ereb"，意为"西方日落处"。"Asia"一词是由腓尼基语"Asu"演化而来的，音译为"亚细亚洲"，意译则为"东方日出之洲"。"Ereb"后来衍变为"Europa"，音译为"欧罗巴洲"，意译即"西方日落之洲"。后来，亚细亚洲名一直被沿用下来。

☆冰雪大陆——南极洲

南极大陆连同附近的大小岛屿，合称南极洲。19世纪以前，人们不知道地球上还有这块终年冰雪覆盖的大陆，直到19世纪30年代才逐渐被人们所确认。1911年12月14日，挪威探险家阿蒙森率领的一支南极探险队，第一次到达南极极点。

南极洲位于地球的最南端，四周被太平洋、大西洋和印度洋所包围。它的总面积约1400万平方千米，约占世界陆地总面积的9.4%，几乎全部为厚约2000多米的冰层覆盖。

南极洲是世界上最大的冰库。如果把这些冰全部融化，世界大洋水面将会上升40～50米。南极洲每年分寒、暖两季，4～10月是寒季，11～3月是暖季。在极点附近寒季为极夜，这时在南极圈附近常出现光彩夺目的极光；

南极企鹅

暖季则相反，为极昼，太阳总是倾斜照射。南极洲地处高纬度，是世界上最冷的地方。南极的冬季，由于阳光斜射得很厉害，地面接收的阳光很少，气温极低，平均气温在－55℃

南极荒漠

以下。到了夏季，阳光照射时间虽然较长，但绝大部分被镜面似的冰所反射，气温仍在零度以下。南极比北极更为寒冷，有"世界寒极"之称。

南极不仅酷冷，而且也是世界上暴风最大、最频繁的地方。有的地方一年中竟有340天暴风雪，有的狂风风速每秒可高达90多米，比台风还要大三四倍。南极洲还是地球上最干燥的大陆，几乎所有降水都是雪和冰雹。

由于气候条件极为恶劣，在南极洲几乎见不到什么绿色植物，只是偶尔在背风的石头下面有少量的地衣、苔藓生长。

在南极大陆边缘和所临海域中，生活着种类稀少，但数量可观的动物。那里有海藻、珊瑚、海星和海绵，有许许多多的磷虾。磷虾为南极洲众多的鱼类、海鸟、海豹、企鹅以及鲸提供了食物来源。

南极洲蕴藏的矿物有220余种,主要有铁、锰、铜、镍、铬、铅、金、银、铝土和金刚石等。限于种种条件,这些资源至今尚未得到开发。

南极洲是目前唯一没有常住居民的大洲。现在,不少国家在南极洲建立了科学考察站,我国于1985年后在南极洲建立了两个科学考察站。

☆亚欧之间的分界线是什么

在现代的地理学中,欧洲和亚洲之间的分界线是乌拉尔山脉和乌拉尔河。但是,欧洲和亚洲是不是从来就这样划分的呢?不是。在2500年以前,古希腊有一位被称为西方"史学之父"的历史学家希罗多德(约前484~约前425年),他在其史学巨著《希腊波斯战争史》中就提出,欧亚两洲的分界线应该是博斯普鲁斯海峡、黑海、亚速海和顿河。以后,随着地理知识的增多,也不断有人提出新的欧亚两洲的分界线。

在17世纪,人们一般是以顿河、伏尔加河、伯朝拉河和卡马河来划分欧洲和亚洲的。而法国地理学家吉利翁在他1760年绘制的世界地图上,则把欧洲东面的界线一直划到鄂毕河。当然,其间也有人提出过相反的意见,例如著名的德国自然科学家和旅行家亚历山大·洪堡(1769~1859)就认为,欧洲和亚洲本是一块大陆,不必人为地分成两个洲,而可以统称为"欧拉细亚",即"欧亚洲"。

第一个以乌拉尔山脉来划分欧洲和亚洲的,是俄国彼得大帝时期的地理学家和

历史学家华西里·塔季晓夫(1686~1750)。乌拉尔山脉北起喀拉海,南至哈萨克斯坦草原,海拔2000米左右,是欧亚大陆上纵

欧洲的名称是怎样来的

欧洲是欧罗巴洲的简称,由来于一则美丽的希腊神话。

相传,腓尼基王国的公主欧罗巴一次梦中,梦见两块大陆变成两个妇女相斗,一个妇女是异乡人,一个妇女是亚细亚人。两个妇女都要把欧罗巴带走,并说道:"跟我走吧,我将带你去做宙斯的情人。"

第二天早晨,公主和女伴们到野外采花,这时,一头牡牛将欧罗巴驮走,把她带到一个陌生的地方。在这里,她见到了爱神阿芙洛狄特和他的儿子厄洛斯。他们对欧罗巴说:"送给你梦的是我们俩,你命中注定要做宙斯的人间妻子,方才驮你来的牡牛,就是宙斯的化身。收容你的这块大陆将随你称为欧罗巴洲。"后来,人们简称它为欧洲。

贯2000余千米的一道天然界标。塔季晓夫对乌拉尔山脉进行了长期的考察，发现乌拉尔山脉东西两个地区的动植物有许多显著的不同。就拿鱼类来说，在山脉西面的河流中，鱼是通体发红的；而在东面的河流中，鱼体是白色的，而且味道也不一样。

根据乌拉尔山脉的地理位置和特点以及它东西两地所存在的各种不同点，塔季晓夫提出，将乌拉尔山脉作为欧洲和亚洲的分界线是比较合适的。他的这个看法逐渐为人们所接受。

后来，因为乌拉尔山脉的南端迄于哈萨克斯坦草原，欧亚两洲的南部尚无明确的分界，于是，人们把发源于乌拉尔山脉而流入黑海的乌拉尔河同其北部的乌拉尔山脉一起作为欧洲和亚洲的分界线，并且一直沿用到今天。

地球趣闻

每年从外太空降落到地球上的宇宙尘埃达3万吨之多。

赤道以北的国家比赤道以南的国家多3倍。

美国檀香山附近有一条瀑布，竟向上飞流。

太平洋马里亚纳海沟深达11034米，一件重物若从水面掉下去，足足要一个小时才能沉到底。

近百年来，世界洋面升高了10～15厘米。

从飞机舷窗观看虹，它是一个整圆。

地球上的一切生物中，只有人是唯一能用后背睡觉的。

☆"地质史教科书"——科罗拉多大峡谷

美国西南部有一个世界著名的科罗拉多大峡谷，这条峡谷深1829米，长446千米，是世界上最长的大峡谷之一。科罗拉多大峡谷的自然风光奇异壮丽，已被辟为美国的国家公园。

科罗拉多大峡谷两壁的岩层大体都是水平状态，呈阶梯状分布，远远望去，就像万卷图书层层叠叠地放在长廊般的大书架上，所以人称"书状崖"。

这个"书状崖"还真是一部"活的地质史教科书"。由于从大峡谷底部向上，分布着各个地质时期的岩层，清晰地反映了地质发展的历史。

大峡谷底部是几十亿年前形成的片

麻岩，崖壁上大体呈水平排列的岩层，是不同地质时期形成的各种沉积岩，岩层中保存着不同地质时期的化石，按照生物进化的顺序从底部向上堆积着，从原始的单细胞植物到巨大的蜥蜴类动物都可以找到。自然界的岩层大多是倾斜或弯曲的，科罗拉多大峡谷的岩层为什么呈水平状态呢？这是由于这个地区在漫长的地质年代里没有剧烈的地壳活动，岩层没有发生过强烈的褶皱，因而使岩层保持着大体水平的状态。

科罗拉多大峡谷

☆美洲最干最热的地方——死谷

死谷是一条贯穿美国加利弗尼亚州东南部的深沙漠槽沟。它是北美洲最热且最干旱的地方。它的最低点在海平面下82米，是全美洲最深的地区。

该死谷长225千米，宽8～24千米，它本身有100万年的历史。约5万年前，曼利湖的大量湖水充满了该谷地，稍近一些，约在5000年到2000年以前，这里还有一个浅湖。

当湖水蒸发完，在该湖最低处留下了一层盐，形成了我们如今所看到的盐盆。现在当水往沙漠里流时，水便蒸发掉，再没有水淌出来。

在20世纪50年中，一年的最大雨量是114.3毫米；有两年测不到降雨量。谷地的形状

死谷景观

使这里成为世界上最热的地方之一。1913年这里记录到的气温达57℃。夏季时，温度往往超过40℃。除了怪石绝壁，这里几乎没有植物生长，孤身进去的人，很少能活着出来。

但死谷的景色不错，其岩石中的矿物质在阳光下像彩虹一般闪烁。

☆ 美国犹他州的天然拱

美国犹他州的天然拱国家公园拥有比世界上任何其他地方都要多的天然拱。一座天然拱至少应有1米宽。加上那些迟早会变成天然拱的"石窗"，这里有1000多座天然拱。此外，这里还有洞穴状结构以及以前曾属天然拱的碎石堆。

该区域一度是位于海平面以下的盆地。大约在3亿年以前，这里被海水淹没，沉积了一层盐。然后，岩石和其他物质在其顶上聚集，厚达1600米。这个重量使多处的盐堆和岩石崩裂、倒坍。后来水渗入并将较软的岩石侵蚀掉，就形成了许许多多的天然拱。

犹他州的天然石拱

☆ 大自然的杰作——巨人岬石柱

巨人岬是北爱尔兰安特里姆郡西北海岸的岬角，由峭壁伸至海面的石柱组成。石柱的形状很规则，看起来好像是人工凿成的。但实际上它们完全是一种天然的玄武岩。

这里大约有3.7万根石柱，大多呈六边形，横截面在37～51厘米之间。有一些石柱有6米高。岬角有些地方宽12米，最狭的地方也是最高的地方。巨人岬是地质运动的产物。大约在 5000～6000 万年以前，地下的熔岩从裂缝中挤出，像河流一样流向大海。熔岩因此迅速冷却而变成固态，并分裂成大的柱状体。人们给不同的石柱都起了具有形象化的名称，如"烟囱管帽""大酒钵"和"夫人的扇子"等等。

巨人岬

☆阿拉伯国家为何盛产石油

阿联酋迪拜的酒店

海。由于海洋所处的纬度低，气候温暖，海水中有大量的海洋生物。海洋生物遗体随泥沙一起沉入海底，经过复杂的生物化学变化，逐渐变成了石油。同时，长期的地质发展过程，在西亚形成了良好的储油构造。广泛分布的石灰岩有裂缝，沙岩多孔隙，有利于分散的石油流动和集中，形成广泛的储油层。储油层上部覆盖了一层页岩、石膏、岩盐等不透水岩层，能防止石油的挥

西亚石油以波斯湾为中心，向西北延伸到伊拉克北部、叙利亚东北部和土耳其南部，向东南沿波斯湾海岸抵阿曼境内，形成一条巨大的石油带。这是当前世界上最重要的石油产区。这个地区就包括伊拉克、科威特、阿联酋等国家。

西亚石油的形成与这个地区的地质构造及变化有着密切的关系。

几千万年前，西亚地区是一片汪洋大

富裕的阿拉伯人

发,起了保护油层的作用;储油岩层下面,是坚硬的结晶岩基底。在强烈的地壳运动中,储油构造没有完全被破坏,所以这里的石油能很好地积聚和保存下来。

西亚的油田一般具有储量大、埋藏浅、出油多、油质好等特点。西亚绝大多数国家境内都已发现石油。西亚石油储量占世界石油储量的一半以上,产量占世界的1/3。波斯湾沿岸的沙特阿拉伯、伊朗、科威特、伊拉克和阿联酋,都是重要的产油国家,被称为"世界石油宝库"。

☆ "祖国的宝岛"——台湾

台湾位于祖国的东南海哨,它的北面是东海,西南面是南海,东面是一望无际的太平洋,西隔台湾海峡与福建省相望,面积约3万多平方千米。

台湾岛形似纺锤,是我国最大的岛屿。它是一个年轻的海岛,山地约占全岛面积的2/3。山势巍峨,群峰挺秀。台湾山脉中的中央山脉纵贯全岛,像个"屋脊"。台湾岛山势陡峻,河流湍急,水力资源蕴藏量大。岛上最长的河流是浊水溪。日月潭

台湾东部沿海的浪蚀地形

是台湾岛上最大的湖泊,建有日月潭水电站。这里风光绮丽,是游览胜地。

台湾岛是我国富饶的宝岛。台湾山地森林资源丰富,从山麓到山顶,分布着热带、亚热带、温带和寒温带的森林,树种很多,台湾是亚洲有名的天然植物园。樟树最为著名,樟脑产量居世界首位。台湾西部平原,气候温暖湿润,土壤肥沃,水稻种植普遍。甘蔗和蔗糖的产量也很大。台湾享有热带、亚热带"水果之乡"的美名,四季鲜果不断。香蕉、菠萝和茶叶驰

台湾野柳地貌

名中外。

台湾的地下矿藏多种多样。中央山脉是金、铜等金属矿的主要产地。西部是煤、石油等的主要分布区。台湾岛北部的大屯火山群有丰富的天然硫磺。台湾周围浅海还蕴藏着石油和天然气资源。广阔的浅海多水产资源，西海岸又是重要的海盐产区。

台湾岛气候适宜，物产丰富，不愧为"祖国的宝岛"。

☆ "桂林山水甲天下"

在漓江两岸，桂林阳朔一带，一座座奇峰排列着，犹如玉笋、翠屏、巨象、驼峰等，形态万千，景色秀丽。在这些起伏的山峦里，还蕴藏着曲折离奇的洞穴。洞内石乳、石笋、石柱、石幔、石花组成各种景物，奇态异状，琳琅满目。

漓江是桂林的主要河流，由东北向东南，与西来的阳江相汇合，流水清澈，游鱼可数。桂林至阳朔沿江一带，群山峭拔，绿

桂林朝板山

水迂回，青山浮水，景色清幽，构成长达百里的美丽图画。唐朝诗人韩愈有"江作青罗带，山如碧玉簪"诗句，概括了桂林山奇水秀的特色。

桂林不但风景秀丽，而且是历史名城，中唐以后即为风景胜地，有很多文物古迹，仅石刻就有2000余件，遍布各风景点，自古即有"桂林山水甲天下"之称。

是谁创造了这种美丽的奇景呢？是流水。原来，我国桂林和其他一些地方，过去曾经是一片汪洋大海。大量的海洋沉积物，形成了石灰岩层。由于地壳运动，海底升起成了陆地。石灰岩的主要成分是碳酸钙，它能被含有二氧化碳的水溶解，特别是在高温湿热的情况下，由于地层错动，形成了裂缝，水流则不断地扩大这些裂缝，再经过不断溶蚀，就把岩层溶蚀成了各种奇峰怪石。当雨水渗透到地底下后，它就像个

桂林地貌

多才多艺的建筑师，见缝就钻，不断地将岩层雕塑扩大成洞穴。这个大自然的巧匠，还用水滴，一滴一滴地沉淀堆积，生长和发育出许许多多的石笋、石柱和石钟乳。石灰岩受到水的侵蚀破坏，没产生大量泥沙，因此水保持了清澈。

☆ "聚宝盆"——柴达木盆地

柴达木盆地介于阿尔金山——祁连山和昆仑山之间，面积约25.5万平方千米。四周高山海拔四五千米，盆地底部海拔在2600～3000米，是我国地势最高的内陆盆地。

柴达木盆地是个古老的陆地，几千万年前这里就是一个大湖盆了。原先的气候比现在温暖湿润得多，生物繁茂，生物遗体不断堆积，逐渐生成石油和煤。后来，气候变暖，湖水蒸发，形成丰富的食盐、钾盐、石膏等矿。现在，冷湖的石油、鱼卡的煤、察尔汗的食盐和钾盐都已开采，并且开始在察尔汗建设我国最大的化肥厂。

柴达木盆地盐产地很多，大大小小的盐湖有100多个。位于柴达木盆地腹部的察尔汗盐湖，储盐量就有250亿吨。盐湖表面有一层厚而坚硬的盐盖，盐盖最厚处达15米。通过察尔汗盐湖地段的32千米长的铁路路基就铺在盐盖上。路面损坏了，养路工人就用盐坑里的卤水来修补。在柴达木，不少房子是用盐块砌的，甚至飞机场也是用盐块铺设的。柴达木是一个盐的世界，在蒙古语中，柴达木就是"盐泽"的意思。

柴达木夹在高山之间，地壳活动强烈，多断裂和岩浆活动。因此，除了石油、煤和盐矿等沉积矿藏外，还有与岩浆活动有关的石棉和各种金属矿藏。柴达木资源丰富，不愧有"聚宝盆"的美称。

柴达木盐湖

☆世界上最大的峡谷

20世纪70年代，中国科学家把目光投向了神秘的被称为"世界第三极"的青藏高原，而雅鲁藏布江下游峡谷更是引起了科学家的极大兴趣。由于科学家们只注意从本专业角度出发研究雅鲁藏布江，并没有专门计算、比较、论证其间的峡谷在世界峡谷中的地位，因而使雅鲁藏布大峡谷沉睡了好多年也无人知晓它是世界第一。

1994年初，新华社高级记者张继民在阅读一篇"雅鲁藏布江下游河谷水汽通道初探"的论文时，被文章中的一段话吸引住了："青藏高原上的大河雅鲁藏布江由西向东流，到米林县进入下游，河道逐渐变为北东流向，并几经转折，切过喜马拉雅山东端的山地屏障，猛折成近南北流向并直泻印度恒河平原，形成几百千米长，围绕南迦巴瓦峰的深峻大拐弯峡谷，峡谷平均切割深度在5000米以上。"记者的敏感性使他想到，这条大峡谷平均深度在5000米以上，长达几百千米，应该比美国的科罗拉多大峡谷更深更长，说不定是世界第一!他立即找到该文的作者杨逸畴、高登义和李渤生，希望他们能够进一步计算论证一下。

三位科学家在一起认真分析、讨论，按照地理学方法，依据1:50000的航测地形图、航空照片和卫星影像图，以南迦巴瓦峰为基点，跨越大峡谷，与对岸的加拉白垒峰(海拔7234米)在南北、东西方向各作剖面，进行分析和测量，并用实地考察结果和数据对照、订正。计算结果表明:切开喜马拉雅山，急泻在青藏高原东南斜面上的雅鲁藏布大峡谷，平均深度为5000米左右，最深处达6009米。这一连串的数字，使他们兴奋异常，它意味着一项新的世界之最的诞生——雅鲁藏布大峡谷是世界上第一大峡谷!

1994年4月，我国科学家首次确认:雅鲁藏布大峡谷为世界第一大峡谷。深达

雅鲁藏布大峡谷

6009米的雅鲁藏布大峡谷是地球上最深的峡谷。从此,过去曾先后被称为世界第一大峡谷的深达1829米的美国科罗拉多大峡谷,将退居次要地位。

☆西藏的地热资源

青藏高原是地球上海拔最高的大高原,平均海拔在4000米以上,许多山峰高达七八千米,号称"世界屋脊"。

青藏高原又是地球上最年轻的大高原。早在2亿多年以前,这里是一片浩瀚的海洋,直到近几百万年,这块地壳大幅度强烈隆起,才形成现在的"世界屋脊",而且隆起抬升的情况延续至今。

由于青藏高原形成的时代新,许多地方岩浆活动频繁,地热资源十分丰富。冈底斯山脉以南到喜马拉雅山脉以北的广大地区,是强烈的地热活动带。地热类型有温泉、沸泉、间歇喷泉、水热爆炸等。青藏高原地热类型之多,活动之强烈,在世界上都是少见的。

位于青藏高原上的我国西藏自治区,更是地热资源十分集中的地区。

西藏的沸泉呼呼不停地喷着天然蒸汽,蒸汽从穴口喷出,活像蒸笼。间歇喷泉喷发时,汽水柱可高达一二十米,柱顶的蒸汽团翻滚腾跃,直冲蓝天。水热爆炸是一种更为强烈的地热活动现象,像火山喷发一样,爆炸时音响很大,汽水混合物夹带着泥沙、石块,腾空而起,十分壮观。

丰富的地热资源,为西藏的工农业生产提供了廉价的动力和热能。地热发电成本低,又不污染环境,是一种十分理想的能源。现在,羊八井已经建立了地热发电站。有的地方则利用地热发展温室生产,既利用地下热能,又可充分利用高原地区优越的太阳光能资源。

西藏羊八井地热泉

☆九寨沟风光

"九寨神仙境,白发不虚行。"这句诗形象地描绘出了九寨沟的秀丽风光。

九寨沟地处川西高原的东部边缘,位于南坪、松潘、平武3县交界处。九寨沟并不是由9条沟组成的,它实际上只有6条

九寨沟之秋

沟,即日寨沟、荷叶沟、丹祖沟、扎如沟、黑果沟和则查哇沟。九寨沟是大熊猫、金丝猴等珍贵动物的生息地,1979年被国家

九寨沟诺日朗瀑布

九寨沟

划分为自然保护区,以保护大熊猫、金丝猴等珍稀动物。

九寨沟自然景色非常秀丽,是我国第一批重点风景名胜区。由于九寨沟海拔落差高达4000米以上,因此,这里的自然植被的垂直分布十分明显。海拔2000～2800米的地带,分布着针叶林、阔叶林,是针叶阔叶混交林带;而海拔2800～3800米的地带,则是针叶林带;在海拔3800米以上地区,则依次是高山草甸带和积雪带。

九寨沟的自然风光主要是海子和瀑布。这里所说的海子,实际上就是我们通常所说的湖泊。九寨沟的海子数量非常多。堤坝上布满了各种灌木、花草,水面上波光闪闪,一群群飞鸟点缀于湖泊当中,一派迷人的景象。九寨沟的瀑布

也非常著名。例如树正群海上的树正瀑布，河水从 20 米的高空飞泻而下，气势壮观，让人陶醉，流连忘返。

也许有人会问，九寨沟的海子和瀑布是怎样形成的呢？

地质学家经过科学考察和研究后认为，冰川是形成海子、瀑布的主要力量。在第四纪冰川时期，九寨沟地区海拔较高，为冰川所覆盖。冰川在运动时，剥蚀地面，挟带大量泥沙。后来气候开始转暖，冰川也开始融化，冰川所挟带的大量泥沙便堆积下来，堵塞沟谷、河道，挡住融化的雪水，形成了海子。瀑布则是由于冰川在运动中，侵蚀地面，形成了陡崖和断谷。当河水流经时，便形成了瀑布，成为优美的自然景观。

九寨沟地区由于地处偏远，受人类活动干扰破坏较少，因而成为许多动物如大熊猫、金丝猴以及鸟类的乐园。随着九寨

九寨沟冰瀑

沟旅游资源的开发，人们对环境的消极影响也有所加强。因此在发展旅游的同时，还应保护这里的自然景观和生态环境。

☆ "人间瑶池"——黄龙

黄龙地处青藏高原最东端，位于四川省阿坝藏族羌族自治州松潘县境内。南距省会成都 300 千米，与另一著名景区九寨沟接壤，靠近四川、甘肃、陕西三省交界之地。其海拔 1800～5588 米，其中主景区黄龙沟海拔 3100～3500 米。

黄龙的气候属典型的高原温带——亚寒带季风气候。冬季漫长，春秋相连，基

黄龙五彩池

本上没有夏天，黄龙景区是由黄龙沟、牟尼沟、雪宝鼎、丹云峡和松潘古城构成。黄龙景区的出名，主要是得益于它独特的地表钙华岩溶风光：在终年积雪的雪宝鼎下，有一条古冰川塑造、相对高差400余米的沟槽，不知从什么时候开始，大量被雪水溶解了的地下碳酸钙渗出地表，长期沉积，形成了一条长达3.6千米、宽30~170米的巨型钙华堆积体。在钙华体上，分布着大大小小3400多个钙华彩池和长达2.5千米的巨大钙华滩流以及众多的钙华瀑布、钙华洞穴。清冽的雪水沿钙华体漫流，层层跌落，穿林、过池、越堤、滚滩，注入涪江源流。层层彩池，莹红澜绿，如鱼鳞叠布，似梯田层列，呈八组分布，形态各异。有的流水叮咚，似迎宾曲悠扬悦耳；有的争奇斗艳，像五彩云霞异彩纷呈。条条钙滩，晶莹透明，飞珠溅玉；道道梯瀑，泻翠流垂，恰似一条活灵活现的金色巨龙，腾游于茫茫原始森林、皑皑雪峰和蓝天白云之间。这景色与传说中西王母的住所极其相似，所以黄龙又被誉为"人间瑶池"。

黄龙石灰华

石灰华的奇迹

黄龙与九寨沟众多的堤湖彩池、滩流叠瀑与池底色彩斑斓的枯木，都必须要靠石灰华的长期沉积才能形成。石灰华是一种碳酸钙的结晶。在黄龙与九寨沟地区，地质结构为碳酸岩区，岩石中富含碳酸钙等矿物质。由高山融雪流泻下来的低温雪水，含有一定容量的二氧化碳，会溶蚀岩石中大量的碳酸钙，形成各种石灰华。饱含碳酸钙的岩溶水，在倾斜的谷底呈片状流动并沉淀，即会形成石灰华滩流。

☆赤道有雪山吗

乞力马扎罗山位于坦桑尼亚北部的大草原,它海拔5895米,是非洲的第一高峰。它位于赤道附近,但山顶上终年积雪不化,因此也被称为赤道雪山。为什么在那么炎热的地区还会有雪山呢?这种奇特的自然景观是怎样形成的呢?我们知道,气温的高低取决于地面辐射量的多少,离地面越远,气温越低;大约地势每升高1000米,温度要下降6摄氏度左右。高空中空气稀薄,像水蒸气和尘埃这类能吸收太阳辐射的物质也很少,而且二氧化碳、尘埃、水汽的稀少使它们对大气的保温作用减弱,地面辐射容易散失,因此高山温度一般较低。赤道地区的平均温度一般在28℃左

乞力马扎罗山

右。如果山体高度大于5000米,到山顶处温度将降到0℃以下,因此山麓虽然处于赤道附近,炎热无比,但在山顶依旧会有皑皑的白雪覆盖。

乞力马扎罗山是一座圆锥形的火山,它是伴随着东非大裂谷的形成而形成的。地壳断裂时,地壳内的大量岩浆喷涌而出,经过千百万年的积累形成了一座圆锥形的火山。目前乞力马扎罗山已停止了岩浆活动,是一座死火山。

另外,在南美洲北部、非洲中部和印尼的一些群岛,在赤道穿过的地方分布有许多高于5000米的山脉,这些山脉也有赤道雪山的存在。

乞力马扎罗山上的鹿群

☆为什么不能随意疏干沼泽地

沼泽地是指那些地势低平，常年排水不畅，地面潮湿，生长着喜湿、喜水的植物，并有泥炭堆积的低洼地。

沼泽地分布很广，地球上各处都有沼泽地。亚洲的西伯利亚，欧洲的芬兰、瑞典、波兰，北美洲的加拿大、美国等国家和地区都有大面积的沼泽地。我国的沼泽地主要分布在东北平原、青藏高原、天山山麓、华北平原、长江下游等地区。

沼泽地属尚未充分利用的土地资源。为了更好地开发利用沼泽地，人们曾想方设法把里面的水吸干，使之变为耕地，以种植农作物。近年来，芬兰、瑞典等国却向早年水已疏干，改造为耕地的沼泽地重新灌水，使其恢复原貌。这是什么原因呢？

原来，沼泽地本身就能给人们带来一定的经济效益和生态效益。以我国西南地区贵州省的草海为例，它占地数十平方千

沼泽地

米，杂草丛生，远远望去仿佛是一片"草海"。这里是候鸟栖息的好地方，越冬的候鸟达50多个品种，其中有国家一级保护动物丹顶鹤，还有水獭、海狸鼠等珍贵的毛皮兽，它们在此生息，繁衍后代。沼泽地除"盛产"鸟类兽类外，还不断蒸发大量水汽到大气中，使大气保持湿润，因此这一地域"小气候"较好。

可是在20世纪70年代初，人们为了多种粮食，花了一大笔资金疏干沼泽地，将它变为农田。结果，原沼泽地

沼泽

中的禽兽游鱼就灭绝了,越冬候鸟不再飞来了,小气候变坏了,粮食产量也低得可怜。人们算了一笔账,沼泽地变为农田后创造的经济效益仅是原沼泽地的1/161,显然得不偿失。于是人们又向农田灌水,使之恢复原来的面目。于是这颗云贵高原上的绿色明珠又熠熠闪光了。

☆黄土高原上的水土流失

根据历史记载,几千年前,黄土高原的水土流失并不严重,大部分地方都生长着茂密的森林和青草,它们像被子一样覆盖在黄土层之上。暴雨来临时,树枝树叶挡住了雨水,减弱雨水冲刷地面的力量。同时,森林地面上的枯枝败叶和厚厚的草皮,能像海绵一样吸收水分,使雨水不能满地横流。再加上树根草根能抓住土壤,抵抗冲刷,所以黄土高原还是一个山青水绿的好地方。以后在长期的封建统治下,特别是北宋以后,统治阶级害怕森林成为农民武装起义的聚集地,同时为了满足建造宫殿等需要,他们大肆砍伐、破坏森林。另一方面,被压迫被剥削的劳动人民为了维持生活,也不得不去开垦坡地。森林被破坏以后,夏季一遇暴雨,表层的肥沃土壤便被大量冲走。

据计算,坡地上的耕地,平均一亩地每年流失土壤6到8吨;整个黄土高原每年被冲走的泥沙多达13亿8千万吨。于是农田越来越瘠薄,产量越来越低,带到下游的泥沙,又成为淤塞江河、引起洪水泛滥的祸根。

沟壑纵横的黄土高原

☆ 热带雨林——地球的宝贵资源

在我们赖以生存的地球上，热带雨林是分布最广、在此地栖息动植物种类最多的森林。它们与人类的生存环境有很密切的关系。

热带雨林主要分布在东南亚、中非、南美洲的北部，以及欧洲的某些地区。20世纪中叶以前，人类的活动几乎没有涉及到那里。那时，地球上沙漠的面积比现在小得多，动植物的种类与数量比现在多得多，自然灾害也远不如现在这么频繁。在先前的进化史中，大约要经历1000年才会灭绝一种植物。但到了1980年，已达到每天灭绝一种植物的程度。进入20世纪90年代后，植物物种的消失速度更快，已达到每小时灭绝一个物种。已知25万多种显花植物中，2/3生长在热带，其中2.5万种已有灭绝的危险。

世界银行公布的一份资料再次向人们发出警告，东南亚和南美热带雨林的面积在1993～1998年的5年间就减少了3.5%。如今全球热带雨林正在以每分钟20公顷的速度被砍伐、烧毁，或被化学药剂摧毁。如果热带雨林遭到破坏的势头得不到有效遏制，到2025年，生存于热带雨林的鸟类和植物将有25%濒临灭绝，这一速度相当于物种自然淘汰速度的1万倍。

热带雨林对调节全球的生态环境有重要作用，森林一旦消失，沙漠便会大肆扩张。大西洋沿岸的热带雨林仅剩下2%，邻近的秘鲁沙漠却扩大了；非洲撒哈拉大沙漠一直在向南推进，干旱威胁着西非荒漠草原地带，这也是当地热带雨林消失所造成的。如今，地球上洪涝频繁，干旱肆虐，气候变暖，沙化严重，这些都同热带雨林面积的日益缩小有关。

热带雨林是天然基因库。据专家考察证实，仅在南美洲热带雨林发现的植物就达1万种，如果继续破坏森林，这些植物

热带雨林景观

自然保护区就是为了保护自然资源、濒于灭绝的生物物种、自然历史的遗产等，而人为划定的、进行保护和管理的特殊区域。

自然保护区要对尚未开拓的，具有典型代表性的自然综合体进行保护。自然保护区按其保护的对象可分为动植物综合性保护区和专业性保护区两大类。综合性保护区是对整体生态系统进行全面保护，例如：我国长白山、太白山等自然保护区。在这些保护区内，既保护具有特色的动植物，也保护土壤、水源、植被、岩洞等自然景观；专业性保护区是以一些特定的动植物群落（如热带雨林等）、物种（大熊猫、水杉）、地区（鸟岛、蛇岛）、水域（水禽繁殖地及越冬地）等为保护对象，特别是对珍稀生物和濒危动物的保护。例如：我国的大熊猫、东北虎、金丝猴等动物；植物方面有银杉、珙桐等。

我国北京延庆的松山自然保护区，占

我国西双版纳热带雨林景观

的大部分，等不到人们发现和利用，便会消失掉。而植物，不仅是我们的全部食品和半数药物的来源，而且还是净化空气、制造氧气的天然"氧吧"。

热带雨林对人类真是太重要了，它的确是地球的宝贵资源。

☆ 自然保护区

自然保护就是对自然环境和自然资源的保护。自然环境是指自然界中的土壤、矿藏、气候、地质和生物等。自然资源是指土地资源、水利资源、森林资源、动植物资源和以山水名胜、自然风光为主的旅游资源等。

陕西太白山自然保护区

地6667公顷,主要保护对象是森林植被和野生动植物种。浙江临安市西天目自然保护区,主要保护珍稀树种柳杉、金钱松、银杏等一些珍贵野生动物。安徽省广德县扬子鳄自然保护区,主要保护珍稀爬行动物扬子鳄及其栖息的环境。

建立自然保护区对于保护森林生态系统、保护濒于灭绝的珍稀野生动物、改善自然环境、维护生态平衡和促进科学研究,都发挥着重要作用。

海南省尖峰岭自然保护区

☆温寒带的分界线——南北极圈

地球上南、北纬66°34′的两条纬线圈,在南半球的称南极圈,在北半球的称北极圈。南、北极圈是地球上五个气候带中温带和寒带之间的分界线。

夏季,在北极圈上和北极圈内,全地区都有日数不等的极昼;冬季,则有日数不等的极夜。在南半球正好相反,夏季,在南极圈上和南极圈内,全地区都有日数不等的极夜;冬季,则有日数不等的极昼。南、北极圈内气温低,因此分别称为南寒带和北寒带。

极昼和极夜是只有在南、北极圈内才能看到的一种奇特的自然现象。当出现极昼时,在一天24小时内,太阳总是挂在天空;而当出现极夜时,则在一天24小时内见不到太阳的踪迹,四周一片漆黑。产生这种现象的原因是:地球环绕太阳旋转(公转)的轨道是一个椭圆,太阳位于这个椭圆的焦点上。由于地球总是侧着身子环绕太阳旋转,即地球自转轴与公转平面之间有一

北极极昼

个66°34′的夹角，而且这个夹角在地球运行过程中是不变的。这样就造成了地球上的阳光直射点并不是固定不动，而是南北移动的。在一年中的春分和秋分，太阳光直射在赤道上，这时地球上各地昼夜长短都相等。春分以后，阳光直射点逐渐向北移动，这时，极昼和极夜分别在北极和南极同时出现。直到夏至日时，太阳光直射在北回归线上，整个北极圈内都能看到极昼现象；而整个南极圈内都能看到极夜现象。到冬至日时，太阳光直射在南回归线上，这时整个南极圈内都能看到极昼现象，而整个北极圈内都能看到极夜现象。

☆地球之端——两极

北极和南极是地球上的两个端点，它们是假想的地球自转轴与地球表面的两个交点。在北半球的叫北极，在南半球的叫南极。

由于地球是绕着自转轴旋转的，所以两极是地球表面上唯一的两个不动点。它们又是地球上所有经线辐合汇集的地方。从北极或南极到赤道间的经线距离都是相等的。人们通过长期的观测发现，地球上真正的两个极点并不是一直不动的，而是在不断缓慢地移动着。这种地极的移动，称为"极移"。极移的范围很小，虽则只有篮球场那么大，但它对地球经纬度的精度却有着不小的影响。因为地极是地理坐标的基本点，不弄清它的准确位置，要准确地测出任何一个地点的经纬度是不可能的。此外，科学家还发现，极移与大地震可能有联系，因为极移会引起地球内部大规模的物质迁移，从而诱发大地震。

在两极地区，经常出现"极昼"和"极

北极地区的浮冰

夜"现象。

虽然两极有半年时间为白昼，但真正能到达两极地区有增加热量作用的光线却少得可怜，因此，两极地区仍然是终年冰天雪地，寒冷异常。在南极，甚至出现了−94.5℃的低温。在如此酷冷的自然条件下，没有一棵树，一株草能自然生存。

甚至像金属、橡胶之类的东西也会被冻得像玻璃那样易脆易碎。但奇怪的是，大批企鹅却能在南极这块"世界寒极"上安居乐业。

澳大利亚名称的由来

澳大利亚领土包括澳大利亚大陆和塔斯马尼亚岛。17世纪以前，土著居民就分布在整个澳大利亚大陆。1770年英国航海者第一次探测澳大利亚。那时人们在南半球发现了这块大陆，认为它是一块一直通往南极的陆地，故取名"澳大利亚"——这个词来源于西班牙文，意思就是"南方的陆地"。

后来人们才逐渐发现澳大利亚大陆四面临海，它同南极是隔着辽阔的海洋的。尽管如此，"澳大利亚"这个名称一直沿用到今天。

☆ 在野外怎样辨别方向

如果我们去野外爬山、野炊、采集标本时迷失了方向，又找不到人问路，那怎么办呢？这里介绍一些辨别方向的方法。

根据太阳的位置确定方向。太阳东升西落。早晨6点左右，太阳在东方；上午10点，太阳位于东南方；中午12点左右，太阳位于正南方；下午4点，太阳位于西南方；傍晚6点左右，太阳位于西方。清晨出发，太阳照在我们的脸上，那我们就是往东走；如果太阳照在我们背上，人影在自己正前方，那就是往西走。下午则正好相反。正午，朝着太阳走，就是往南走。

如果是阴天或下雨天，我们可以通过观察植物来确定方向。由于光照的原因，大树的树皮南边的比北边的亮些、光滑些，弹性也强些。从砍伐的树木的年轮上

地球仪

可以看出，南面的年轮比北面的宽。从树叶看，枝叶稠密的一面是南，枝叶稀疏的一面是北。从果实看，果实较多的一面是南，果实较少的一面是北。如果树干四周长有苔藓，那么北边的总比南边的多，尤其在树

根附近更为明显。

根据房屋、庙宇、祠堂的坐向来确定方向。在我国农村，房屋、庙宇、祠堂基本上都是坐北朝南的，也就是说，大门是向南面开的。

如果是在晴朗的夜晚，我们则可以根据北极星来确定方向。总之，在大自然中有许多天然的"指南针"，即使我们在野外迷了路，也不用发愁了。

☆地球上的指南——方向

地理学上所讲的方向和平时所说的方向不完全一样，它主要指东、西、南、北四个方位。东是与地球自转一致的方向，西是与地球自转相反的方向，东西向也是纬圈的方向。东西方向是没有尽头的，如果我们沿着纬线方向自某地出发，一直朝东方走去，永远不可能走到东方的尽头，而只是绕着纬圈一直转圈圈。相反，地球上的南北方向却是有极点的，当我们从赤道出发向正北或向正南一直走去，最后将走到北极和南极，越过北极或南极，方向将发生改变。在北极和南极点上，是没有东、西两个方向的。在北极点上只有一个方向——南方；在南极点上也只有一个方向——北方。

当我们拿到一张没有方位标记的地图时，怎样确定地图上某地的方向呢？首先看一下地图是否标有经纬线，纬线方向表示东西方向，经线方向表示南北方向。如地图的边上标有方位记号，那么，方位针箭头所指的就是北方。如地图上什么标记也没有，那么就是上方为北，下方为南，左

纽约街头的地球模型

方为西，右方为东。

有趣的是，对于地球上任何一个运动着的物体来说，它的运动方向会受到地球自转的影响。这个无形的影响力称为地转偏向力。地转偏向力总有使物体改变其原来运动方向的趋势。在北半球，偏向力使运动物体方向发生向右侧的偏转；在南半球则发生向左侧的偏转。由于这个原因，在许多工程技术领域中都要考虑偏向力这个因素。例如，发射洲际远程导弹、航海和航空都需要注意纠正偏向力的影响，否则，就无法命中目标或无法准确地到达目的地。

☆世界上的时区的划分

地球的自转形成了昼夜交替。一般来说,东边的地点比西边的地点先看到日出,也就是说东边地点的时刻总是比西边地点的时刻要早。我们知道,地球每24小时自转一周(360°),即1小时转过经度15°。这样,世界各地在同一瞬间,由于经度不同,时刻都不相同。例如,我国首都北京的经度是东经116°,英国伦敦的经度是0°,北京和伦敦日出的时刻相差不到8小时。当北京已是旭日东升的早晨,伦敦还是繁星密布的黑夜。这种因经度而不同的时刻称为地方时,使用地方时在交通和通讯方面造成了许多不便。

为了统一时间标准,国际上决定了划分时区的办法。规定每隔经度15°,划为一个时区,把全球按经度划分成24个时区。以0°经线为中央经线,从西经7.5°至东经7.5°,划为中时区(或叫零时区)。在中时区以东,依次划分为东一区至东十二区;在中时区以西,依次划分为西一区至西十二区。东十二区和西十二区各跨经度7.5°,合为一个时区。各时区都以本区中央经线的地方时作为全区共同使用的时刻,称为区时。相邻的两个时区的区时,相差整整一小时。在任意两个时区之间,相差几个时区,它们就相差几个小时;其中,较东的时区,区时较早。

在同一时区里的时间,和真正按照太阳方位定出的时间相差不多(不超过半小时)。在每个时区里的时间是统一的。时区和时区之间,只是小时数不同,分秒数还是相同的。这样,使用起来就方便很多了。

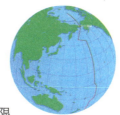

日界限

当人们越过日界线时,日期都要发生变更。从东往西越过这条线,日期要增加一天;反之,日期要减去一天。

直布罗陀海峡的得名

直布罗陀海峡是世界著名的海峡,长58千米,它像一根纽带把地中海和大西洋连接起来。直布罗陀海峡因北岸的直布罗陀港而得名。

公元711年,齐亚德奉努塞尔之命,带领一支强大的军队乘船穿越海峡,直抵直布罗陀。登陆后,他们在那里修建了军事要塞。为纪念这次渡海作战的胜利,阿拉伯人便把登陆的地方命名为"直布尔·塔里克"。

☆地球上的网——经线和纬线

观察地球仪,我们可以看到一条条纵横交错的线条组成的网,将地球严严实实地罩了起来。这个"网"就是经纬线,其中横的叫纬线,纵的叫经线。它是人们为了确定地球表面上某一地点的地理位置而画上去的人为标志,也称为地理坐标。有了经纬线,人们就可以像在影剧院找座位一样在地图上找到地球表面上的任意一点。

经纬线的确定是非常有趣的。人们像切西瓜那样将地球分成均匀的360等份,其中每等份的切线都经过地轴与两极,并把地球分成基本相等的两个半圆。这样,地球表面就出现了许多等大的大圆圈,这就是经线或经圈,也叫子午线或子午圈。经线呈南北走向,因此又称"南北线"。1884年在美国华盛顿召开的国际子午线会议上规定,把通过英国格林尼治天文台的那条经线作为第一条线,称为"本初子午线",即经度零度线。本初子午线以东是东经1~180度线,以西是西经1~180度线,东经和西经180度线是同一条线,它与本初子午线正好是一个大圆圈上的两个半圆。在英国格林尼治天文台旧址的子午馆,有一条宽十几厘米、长十几米,镶嵌在大理石中间的铜制本初子午线,这是地球上唯一

的一根经线标志。在这根铜光闪闪的子午线两旁,分别刻有"东经"和"西经"字样,表明东西半球就是从这里分开的。由于地球表面海陆分布不均匀,为方便起见,实际上人们通常是以东经160度和西经20度为界把地球分为东西两半球的。

纬线是根据垂直于地轴的平面和地球表面相交的圆圈画出来的。纬线圈之间互相平行,在地球表面上经线与纬线都互相垂直,纬线指示东西方向。赤道是南北纬线的起点,定为零度。赤道以北至北极为北纬1~90度线;赤道以南至南极为南纬1~90度线。南北纬90度就是地理南北

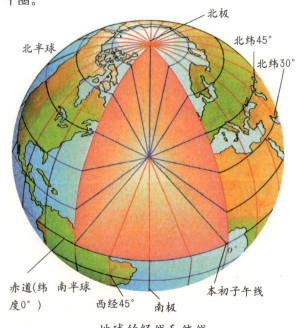

地球的经线和纬线

极。显然，纬线与经线不同，它在不同的地理位置，长度是不同的。赤道上的纬线最长，然后向南北两极逐渐减小，到了两极，纬线圈即缩成一点。

有了经纬线这个网络，人们不仅可以根据经纬度数据很方便地找到地球上任何一个地点的地理位置，而且还可以根据该地点的经纬度，测算出该地点与我们的距离。

☆ 热温带的分界线——南北回归线

回归线，是太阳每年在地球上直射来回移动的分界线。

地球在围绕太阳公转时，地轴（地球自转轴）与黄道面（公转轨道平面）永远保持66°34′的交角。也就是说，地球总是斜着身子在绕着太阳旋转。这样，地球有时是北半球倾向太阳，有时又是南半球倾向太阳，因而太阳光直射地球的位置会随时间而发生南北的移动。到夏至这一天，太阳光直射在北纬23°26′的纬线上。过了夏至，太阳光逐渐南移，北半球受太阳照射的时间逐渐减少。北纬23°26′的纬线是太阳光在北半球上直射点的最北界限，因此把这条纬线称为北回归线。冬至时太阳光直射在南纬23°26′的纬线上，冬至过后，太阳光又开始逐渐北移，到夏至时，再次直射北回归线。南纬23°26′的纬线则是太阳光在南半球上直射点的最南界限，因此把这条纬线称为南回归线。

南北回归线是热带和南北温带间的分界线。北回归线和南回归线之间的地区为热带，这里太阳终年直射，获得的热量最多；北回归线和北极圈（北纬66°34′）之间的地区为北温带，南回归线和南极圈（南纬66°34′）之间的地区为南温带。温带地区太阳终年斜射，获得的热量适中。我国大部分地区位于北温带内，属于温带气候。

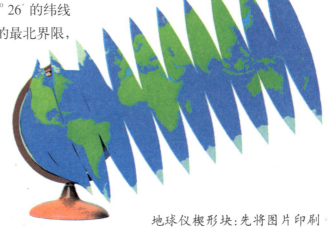

地球仪楔形块：先将图片印刷在上面，然后再包到球体外边。

☆格林尼治时间

我们平常使用的时间，是以太阳在天空中的方位作标准来计量的。每当太阳转到地球子午线的时刻，就是当地正午12时。由于地球自转，地球上不同地点的人看到太阳通过地球子午线的时刻是不一样的。因而在各个地方，根据太阳的方位定出的时间就各不相同。当英国伦敦是中午12点时，北京正值晚上7时45分，上海为晚上8时06分。这在科学技术发达的今天，是很不方便的。

本初子午线(经度0°)

伦敦格林尼治天文台

为了使用方便，人们把全球划分成24个时区。每个时区跨经度为15度。英国原格林尼治天文台所在的时区，叫做零时区，包括西经7.5度到东经7.5度范围内的地区。在这个时区里的居民，都采用原格林尼治天文台的时间。零时区以东第一个时区，叫做东一区，从东经7.5度到22.5度，是用东经15度的时间作标准的。再往东，顺次是东二区、东三区……一直到东十二区。每跨过1个时区，时间正好相差1小时。在同一个时区里的时间，和真正按照太阳方位定出的时间相差不多(不超过半小时)。同样的道理，零时区以西，又顺次划分为西一区、西二区、西三区……一直到西十二区(西十二区就是东十二区)。全世界的居民，都包括在这24个时区里，每个时区里的时间是统一的，称为区时。时区与时区之间，只是小时数不同，分秒数还是相同的。

我国位于格林尼治东面，使用的是东经120度的标准时间，属于东八区。我们日常在收音机里听到的"北京时间"几点，就是东八区的标准时间。

在时区的划分上有时不能完全按照经度界限，要照顾到国界、地形、河流等具体情况，由各个国家加以划定。

☆ 南北极地区为何如此寒冷

在地球上,纬度66°34′为极圈,在南半球的为南极圈;在北半球的为北极圈。

南极是世界上最寒冷的地方,堪称"世界寒极"。南极点附近的平均气温为−49℃,寒季时可达−80℃。

南极没有春夏秋冬四季之分,只有暖季和寒季之别。即使是当年11月~次年3月的暖季,南极内陆的月平均温度一般也在零下34℃至零下20℃之间。至于每年4~10月的寒冷季节,南极内陆的气温一般在零下70℃至零下40℃之间。如此寒冷的天气对人类和一切生命来说都是可怕的威胁。在南极,因寒冷而冻伤致残的事情是经常发生的。

南极为什么会这样寒冷呢?这是由于南极冰盖犹如一面巨型的反射镜,把太阳辐射的热量90%反射回宇宙空间。在南极的寒季,太阳几乎很少露面,南极大地吸收的热量微乎其微,但是到了暖季,虽然太阳终日在地平线上徘徊,可是,雪白的冰盖表面又拒绝接受太阳的热量,结果南极终年是九天寒彻、大地封冻的景象。

在北极,由于存在着冻土层,所以也是极其寒冷的。那里的多年冻土能够持续多年不化。因为那里常年温度都在零度以下,所以冻土就会保持常年不化,即使在比较温暖的年份,融化的也仅仅是表面一小层。

冻土的存在主要受温度的影响。越往纬度高的地方温度就越低,因为南半球陆地面积少,所以多年冻土主要分布在亚欧大陆和北美洲的北部。

在南极与北极,白茫茫的冰雪一望无际,似乎永远也不会融化,因此人们称之为"冰雪世界"。

北极冰原

119

☆ 第一个到达北极点的人

过去，北极曾是个神秘莫测的地方。人们这样描述过它："长年不化的冰雪……永远是寒冷、雾、风……极昼和极夜，惊人的北极光……太阳就像落山的时候那样，24小时在地平线上打转，冷冷的，是个无力的太阳。勇敢的冒险家一个接一个试图进入这个地球上的'空白点'。……但是，他们中间很少有人回来……"

在通往北极的道路上，曾经埋葬了挪威、意大利、奥地利、美国、英国和德国等许多国家探险家的尸骨。1893年，挪威海洋学家南森进行了一次著名的航海冒险

第一个到达北极点的人——皮瑞

活动。他乘"前进"号船沿亚欧大陆北海岸航行到新西伯利亚群岛，他让自己的小船和从新西伯利亚漂来的浮冰冻结在一起，随着西北寒流慢慢地向前漂移。就这样，他们差不多漂了两年，一直漂到北纬85°57′。这里离北极点还有几百千米，无际的冰野伸展到远方，他们再也无法前进了。他们登上冰块，徒步向北极挺进，但最后还是失败了。1896年，他们被困在严寒的北极地区，幸亏碰到了另一支探险队路过这里，便搭乘他们的船返回挪威。南森的这次探险证明了北极地区不是一块大陆，而是冰雪遍布的海洋。

最先到达北极的是美国探险家罗伯特·皮瑞。他研究和考察了冰雪覆盖的格陵兰，最后到达格陵兰最北点，从而证明了格陵兰是个岛屿。随后，皮瑞决心成为"第一个登上北极的人"。1909年2月，他打破过去的探险家利用短促的夏季航行的传统，而凭借冬季的坚冰，乘狗拉雪橇闯入北极地区。皮瑞带着1个仆人和4个爱斯基摩人，露宿冰原，每天前进40千米，当年4月6日，53岁的皮瑞终于到达了北极。皮瑞的探险证明了在北极地区覆盖着缓缓漂流的浮冰，在北极冰原下根本没有陆地。

☆第一个到达南极点的人

从19世纪30年代末开始,美国、法国和英国的三支探险队先后到达南极大陆,发现了威尔克斯地、阿得里地和维多利亚地。罗斯率领的英国探险队除了发现维多利亚地高达4000米的山地外,还发现了一个深深切进大陆的海——罗斯海,它被巨大的冰障——罗斯冰障所隔断。

1898年,挪威探险家波乐赫格雷维克率领的探险队,找到了攀登罗斯冰障的道路,他们第一个登上南极洲,并在维多利亚地东北角盖了一所小屋,成为第一个敢于在南极洲度过冬天极夜的人。第二年夏天,他们对南极大陆作了考察,并向南极进军。由于冰原裂谷阻挡,只到了南纬78°50′的地方,这是人类第一次到达地球最南的地方。

1901年,英国探险家斯科特率领探险

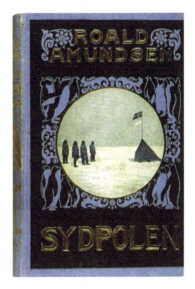

阿蒙森从南极回到英国后出版的图书的封面

队在罗斯海西岸登上南极洲,在南极大陆上度过了长夜漫漫、风暴呼啸的冬天。第二年夏天,他们乘狗拉雪橇在冰原上向南极前进。狗被冻死,人拉雪橇继续行进。后来到了南纬88°19′的地方,再也支持不住了,只好回去。1909年,斯科特探险队的沙克尔顿率探险队,在冰原上艰苦跋涉73天,到达南纬88°23′的地方,离南极只有170多千米了,可是粮食快吃完了,虽历经千辛万苦,但只好失败而归。

1911年10月20日,路德·阿蒙森带着一个4人探险队从罗斯海出发了。

阿蒙森曾成功地穿越过北冰洋的航路,为北极地区的探险做出了巨大的贡献。

阿蒙森和他的下属人员在南极洲的掩蔽所内过冬休整

阿蒙森探险队一行5人，18只狗拉着3架雪橇，在支援队的配合下，向南极行进。他们幸运地选择到一条平坦的路，天气也好，一路上很顺利。后来遇上暴风雪，路途越来越险，冰谷、峭壁层出不穷。他们冒着极端的危险，越过毛德山脉，终于在1911年12月15日下午3点到达南极点。他们幸运地成为第一批到达南极点的人。

非洲地名有什么传说

非洲是阿非利加洲的简称。

对于阿非利加一词的由来，流传着不少有趣的传说。一种传说是，古时，也门有位名叫Africus的酋长，于公元前2000年侵入北非，在那里建立了一座名叫Afrikyah的城市，后来人们便把这大片地方叫做阿非利加。另一种传说是，"阿非利加"是居住在北非的柏柏尔人崇信的一位女神的名字。这位女神是位守护神，据说在公元前1世纪，柏柏尔人曾在一座庙里发现了这位女神的塑像，她是个身披象皮的年轻女子。此后，人们便以女神的名字"阿非利加"，作为非洲大陆的名称。还有一种传说是，侵入迦太基地区（今突尼斯）的罗马征服者西皮翁的别名叫"西皮翁·阿非利加"，为了纪念这位征服者，罗马统治者就把这片地区叫做"阿非利加"。以后，罗马人又不断扩张，建立了新阿非利加省。那时，这个名称只限于非洲大陆的北部地区。到了公元2世纪，罗马帝国在非洲的疆域扩大到从直布罗陀海峡至埃及的整个东北部的广大地区，人们把居住在这里的罗马人或是本地人统统称为阿非利加（Africain），意即阿非利加人。这片地方也被叫做阿非利加，以后，又泛指非洲大陆。

海洋探索
HAI YANG TAN SUO

☆时涨时落的海水

据说第一个研究海水涨落问题的是古希腊的航海家彼费。后来，英国物理学家牛顿发现了万有引力现象，为揭开潮汐的秘密提供了科学依据。现在知道，引起潮汐的原因主要是月球的"引潮力"。这个引潮力是月球对地面的引力，加上地球、月球转动时的惯性离心力所形成的合力。

地球每天自转1周。一天之内，地球上任何一个地方总有1次向着月球，1次背着月球，所以地球上绝大部分的海水，每天总有2次涨潮和2次落潮，这种潮称为半日潮。而有一些地方，由于一些局部地区性的原因，在一天之内只出现1次高潮和1次低潮，这种潮称为全日潮。

不但月球能对地球产生引潮力，而且太阳也能产生引潮力，虽然比月球的要小一些，只有月球引潮力的5/11，但当它和月球的引潮力叠加在一起的时候，就能推波助澜，使潮水涨得更高。每月在朔(农历初一)和望(一般是农历十五，有时候是十六，甚至是十七)的日子里，月球、地球和太阳在一条直线上，那时月球和太阳的引潮力加在一起，力量就特别大，出现大潮；在上弦月(农历初七、初八)和下弦月(农历廿二、廿三)的时候，月球、地球和太阳不在一条直线上，而成了一个90度的角，太

潮汐发电

阳的引潮力抵消了一部分月球的引潮力，所以出现小潮。

海水的涨落与盐业、渔业、航行都有紧密的联系。现在人们已经掌握了海水涨落的规律，任何地方、任何日子的潮水情况，都能精确地预报出来。海水的涨落，蕴藏着巨大的能量，现在，人们还建立了潮汐发电站，利用潮水来发电。

海水退潮

☆海水不容易结冰

冬天,如果你来到河边,就会发现,河水早已冻上了厚厚的冰,海水却依然波涛滚滚。海水为什么不容易结冰呢?

你可以做一个小实验:在严冬,把一碗清水和一碗浓盐水同时放在院子里。过

海水

一段时间,清水冻成了冰块,浓盐水却没有结冰。原来,盐水的结冰点低,在0℃的时候不会结冰,越浓的盐水冰点越低,有的海水在－20℃还不会结冰。

海水、腌菜的卤水里都含有大量的盐,所以不容易结冰。只有在气温很低的时候,海边上才偶尔会见到海水结的冰。

你也许会说,南极附近的海面上有冰山,北冰洋和北极更是冰天雪地,一定是因为那里特别冷,海水才结冰了。

其实,在地球两极地区及附近海上漂浮的冰山,并不是海水结冰而成的。在格陵兰岛和南极洲上有大片的冰原,大块的冰断裂以后漂移到海洋里,就成了冰山。这些冰山往往高出海面60～90米,长可达几百米,有的甚至有好几千米长。这些冰都是淡水结成的。如果你把冻成的小冰块放到盐水里,那就成了冰山的小模型。

☆大海中的盐分从哪里来

我国海岸线很长,有不少盐田。沿海的盐场,每年都能生产很多盐。1千克海水中大约含有35克盐。这种盐叫做海盐。其中,调味用的食盐,只有27克。海水的盐分中,除含有氯化钠(叫做食盐)外,还含有氯化镁等物质。

大海的面积为陆地的2.4倍,据粗略计算,全部海水含盐量竟达500兆吨。据说,盐分好像还在不断地增加。

那么,大海中的盐分是从哪里来的呢?

大海中的盐分来自覆盖地球的岩石。雨点落到岩石上,雨水把岩石含有的某些物质溶解,慢慢地这些水(加上泉水)变成河水,流进大海。

可是,舀上河水尝一尝,根本感觉不到咸味。

这是因为溶解在河水中的盐分很少。河水流进大海以后,再没有什么可去的地方。这样一来似乎大海随时会溢出来。不会的,据说海水每年蒸发竟有1米左右深。

死海边的晒盐场

含有盐分的河水长年流入大海,大海中的水又逐年蒸发,海水中留下的盐分等物质也就逐年增加了。

海底有淡水吗

大家都知道海水是咸的。可你知道海洋中也有淡水吗?回答是肯定的。在我国闽南的漳浦县古雷半岛东面,有一个盛产紫菜的小岛叫菜屿,距该岛约500米处的海面上有一处奇异的淡水区,叫做"玉带泉",这一带渔民和来往船只在此补充淡水。美国佛罗里达州及古巴东北部之间的海区,周围海水含盐量很高,但中间有一片直径为30米的海域,水却是淡的,这里水的颜色、温度、波浪同周围的海水不同,人们称它为"淡水井"。

为什么海洋中会出现"淡水井"?经过科学考察后发现,这些"淡水井"的海底都有一口喷泉,能够源源不断地喷出一股强大的淡水流,当喷出的淡水顶开海水占据了一定的位置以后,就形成了一个同周围海水完全不同的淡水区。

海底为什么会有淡水呢?这是因为在几十万年前有些海底还是一片陆地,陆地上众多的河流和星罗棋布的湖泊为形成地下含水层创造了有利条件,尽管后来经历了多次海陆变迁,但其中的水分被原封不动地保存了下来。

☆海陆分界线——海岸线

海水面与陆地面的分界线,称为海岸线。实际上,海水和陆地是以海岸为界的,海岸的沿长就是海岸线。由于海水的涨落以及风引起的海水的运动,海岸线会经常移动。通常人们把海水多年平均高涨时到达的界线作为海岸线。

在地质史上,由于地壳运动及大范围的气候变迁,海岸线有过大范围的变化。据科学家研究,在距今约7万年到2万年这段时期,海水一直处于下降趋势,当时的海平面要比现在低100多米。因此,那时的海陆分布和海岸线位置和现在完全不同。那时中国东部的黄海海

海岸线

底大部分是陆地,当时我国大陆和朝鲜、日本之间是连接在一起的。我国大陆和台湾、海南岛也都是一块完整的大陆。

海岸与海岸线

因海岸自古至今一直在变化,所以有古海岸和现代海岸之分。海岸类型不同,海岸线也就不一样,有的蜿蜒曲折,有的起伏平缓。在山地海岸地区,海水长期冲刷岸边的山地、丘陵,形成许多陡峭险峻的崖壁,海岸线曲折,水深湾长,多为天然良港。在平原海岸地区,地面坦荡辽阔,海岸平直,海水较浅,可以建立盐场,围垦海涂,也是开发浅海资源的良好场所。我国海岸线绵长,北起中朝两国边界的鸭绿江口,南至中越边界的北仑河口,全长达1.8万多千米。这是我国的海防前线,也是对外联系的窗口。

☆珊瑚堆起的西沙群岛

珊瑚的颜色丰富多彩,有的洁白如玉,有的翠绿欲滴,有的黄里透红……珊瑚枝枝杈杈,招人喜爱。其中,较大的被陈列在故宫、人民大会堂里,较小的常用精巧的盘子盛着,供人欣赏。

珊瑚这么珍贵,西沙群岛能是珊瑚堆起来的吗?是的,西沙群岛的大部分岛屿的确是珊瑚堆积起来的。可是,岛上的珊瑚长期遭到风风雨雨的破坏,已失去它的本来面目,只剩下些残片、渣粒了。人们要想得到珊瑚,就得到岛屿的周围和附近的海底去采集。西沙群岛附近的海底,简直是珊瑚的世界!

珊瑚是一种小动物,它的个体很小,成群地"定居"在岛屿周围及浅海的岩石上。它们用自己分泌的石灰质,为自己营造小房子。珊瑚虫死了,它们的骨骼也是

西沙金银岛

石灰质的,这些尸体黏结在一起,使珊瑚礁变得更加结实。下一代幼小的珊瑚虫在上面继续营造小房子,一代又一代,珊瑚礁越长越大。但是,无论珊瑚长多么大,也不能长出海面,因为它们是海生动物,离开海水就活不成。那怎么会形成岛屿呢?那是因为地壳发生变化,珊瑚礁被抬出海面,于是形成了岛屿。它们成群地分布在大海、大洋中。

海洋里有很多珊瑚礁形成的岛屿。可见小小的珊瑚虫,能耐可不小!但这种小动物也有三怕:怕冷、怕暗、怕水混。因此,珊瑚虫对生活环境的要求很高:水

西沙风光

温要在25℃～30℃之间,深度不能超过60米,海水又要比较明净。而我国的南海正好具备了这些条件,所以,在那里形成了美丽的西沙群岛。

☆天然海洋生物博物馆——大堡礁

五彩斑斓的大堡礁

澳大利亚东北沿海,有一处世界上最大的珊瑚礁群,这就是闻名世界的大堡礁。

大堡礁绵延2000余千米,北部窄,南部宽,最窄处仅19.2千米,最宽处达240千米;大部分是暗礁,也有不少露出水面的礁岩,有500多个岛屿。面积20.7万平方千米。大堡礁的暗礁上面,布满了海藻和软体动物,退潮时礁岩露出水面,在阳光照射下,五彩斑斓,十分好看。已露出海面的礁岩上,有的已经有了厚厚的土层,上面生长着椰子、香蕉、木瓜等植物,一片翠绿。如果从小岛岸边向水中望去,可以看到随潮水涌来的各种贝类、小鱼、小虾,有时还可以看到大龙虾、海参、金枪鱼、鲱鱼等,让人目不暇接。五彩斑驳的珊瑚岛礁,清澈碧透的海水,畅游水中的鱼虾……这一切使大堡礁成了一座生机盎然的海中花园,又像一座巨大的天然海洋生物博物馆。

不过,由于大堡礁大部分是暗礁,这一带就成了海上交通的严重阻碍。船只一般都绕道航行,如要穿行大堡礁,就必须在弯弯曲曲的水道中小心谨慎地前进。

大堡礁以珊瑚最为著名,尽管它只占大堡礁生物的1/10。珊瑚是名叫珊瑚虫的海洋生物死亡的骨骼。在大堡礁上至少有350种不同类的珊瑚,它们形状各异,大小不一,绚丽多彩。海生珊瑚虫对生活环境非常挑剔:海水必须是温暖的(至少22℃);海水应湍动,使其带有气泡;海水要洁净,因为污泥会阻塞珊瑚的消化系统。另外,它们还需要盐分才能生存。在地球上几乎没有比大堡礁水域中的海洋生物更为绚丽多

大堡礁

彩、变化多端的了。

在 20 世纪 60 年代和 70 年代，大堡礁受到以珊瑚虫为食物的棘冠海星大量生长的威胁，礁体遭到破坏。现在自然保护学家已把这个问题置于人类的控制之下，但大堡礁的恢复还需要时间。1979 年澳大利亚政府建立了占地 34.87 万平方千米的海洋公园，以保护大堡礁免受游客的破坏。

☆海洋"无风三尺浪"

"无风三尺浪"是人们对海洋的描绘。这与"无风不起浪"不是自相矛盾吗？不是，即使在无风的时候，大海依然会波动的。

我们知道，地理上的水域是相通的，一旦有风有浪，便会连锁反应般波及到别的地区，所以即使风停了，大海的波浪并不会马上消失；别处海域的风浪也会传播开来，波及到无风的海面。因此，"风停浪不停，风无浪也行"。这种波浪叫涌浪，又叫长浪。比起风浪来，涌浪一起一落的时间长，波峰间的距离大，波形又圆又长，较有

海浪

规则，波速很大，能日行千里，远渡重洋。

飓风和台风会掀起涌浪。狂风造成海水"拥挤"，同时有风暴的低气压区海域，海面受压力的影响，海水上升。当台风风速同潮水波浪的推进速度接近时，产生共振，把涌浪越推越高。

海上风暴所引起的巨浪，传到风力平静或风向多变的海域时，因受空气阻力影响，波高

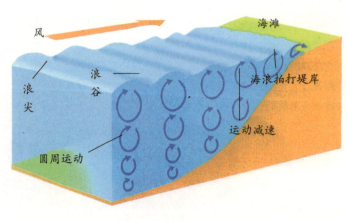

海浪示意图

减低，波长变长，这种波浪的传播速度极快。涌浪总在风暴之前出现，人们看到涌浪，就知道风暴快来了。所以有"无风来长浪，不久狂风降""静海浪头起，渔船速回避"等说法。

海底火山爆发和地震引起的涌浪，传播速度更快。

水下有哪些趣闻

水下酒店：美国在水深9.1米的海底，开办了一家酒店。该店设备齐全，顾客在这里饮酒，可以观赏海底60余种海洋鱼类和壳类生物。

水下演奏会：美国华盛顿有一位小提琴手，他曾穿着潜水服，在水下演奏了德国作曲家亨德尔的《水上音乐》。

水下旅馆：美国别出心裁地在水底兴建了一座旅馆。透过巨大的玻璃窗，旅客可看到千姿百态的水下奇景。

水下轿车：美国彼里海洋公司研制出一种潜艇型水中运行器。乘坐它可以寻找水下资源，欣赏奇特瑰丽的珊瑚礁和千奇百怪的鱼类生活，人们称这种运行器为"水下轿车"。

☆什么是涌浪

"无风不起浪"是我们熟悉的一句谚语，但在实际生活中，却经常有海面上风已经停了，但波浪却不会立即消失，还要在那里波动的现象，这种波浪我们称之为涌浪。

在风的直接吹刮下，海面上会产生风波，那么为什么无风也有浪呢？一方面，风停后，它所引起的波还在面积广大的海洋面上存在，其余波尚能激起波浪。另一方面，与该海区相临的地区有风，风浪也会向该无风海区传播，所以更多情况下的涌浪是从别处传来的风浪引起的，这种风浪在空气的阻力和海水的摩擦力作用下，浪尖被磨圆了，产生了一些又长、又圆、又规则的涌浪。海边上有节奏地拍打海岸的波浪，就是这种涌浪。

涌浪一起一落的时间比风浪长，一般是6~20秒，两个波峰之间的距离也比风浪大，从几十米到几百米，所以它对小船的活动影响不是很大，而对如庞然大物的大船却有很大的破坏作用。因为大船的固有振动周期与涌浪的周期很相近，一旦这样的大船驶上涌浪，就会发生"共振"现象，从而倾覆船舶。涌浪的另一危害是,涌浪虽不及风浪汹涌,但能对岸边建筑产生很大的危害。当涌浪传至近岸时,水位渐渐增高,并冲上海岸,卷走岸边的物质,甚至大涌浪能卷走岸边的建筑物。

在我国沿海渔民里,流传着这样的谚语:"无风来长浪,不久狂风降"。道理在哪? 前面已提过涌浪可能是由别处的风浪引起的,这些别处的风浪又是由台风引起的,所以呼啸的台风很快也就要到了。我国劳动人民和大自然作斗争的过程中,总结了许多朴素的科学道理,至今还有益于我们。

涌浪既然对人类的生活很有破坏力,我们就要研究它,认识它的活动规律,这样才能战胜它,并利用它,化害为利。海边水电站就是利用涌浪的一个实例。

波浪的要素

波高比波长的1/7更高时,波浪就会破碎。

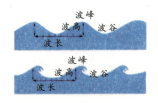

波峰——波浪运动的最高点
波谷——波浪运动的最低点
波长——相邻的波峰或波谷间的水平距离
波速——波浪传播的周期即两相邻的波峰或波谷通过一固定点所需的时间
波高——波峰至波谷间的垂直距离
波陡——波高与波长之比

海浪

海洋里有黄金吗

世界海洋学家预言,占地球总面积71%的海洋含有大量黄金,是人类未来竞争的市场。

海洋里黄金的来源是多方面的。除海洋地层蕴藏着大量天然金砂外,世界各河流冲进海洋里的含金矿砂也不少。以我国黑龙江为例,每年流进鞑靼海峡的黄金就达8吨以上。其次,每年掉进海里的宇宙陨石约有3500多吨,普通陨石每吨含金10克。历经几百万年,海中陨石黄金少说有几万吨。此外,溶解于海水中的黄金每吨达0.01~0.4毫克,全世界海水中含的黄金就达5500万吨。因此,人类向大海索取黄金的事业,前景诱人。

☆ 涨落潮的时间

凡去过海滨的朋友,想必都目睹过涨落潮的情景。那么你们知道大海为什么每天都要涨潮落潮吗?

这种海水涨潮落潮的现象,是由太阳和月亮对地球的巨大引力造成的。这种引力使海水每天涨落两次,一般称这种现象为潮汐。

引起潮汐的引力是由地球位于月亮、太阳的方位和距离所决定的。由于月亮和太阳这两个天体都进行着复杂的运动,所以潮汐的预报也不仅仅是简单的重复。

潮汐的周期与地球自转相关的半日和一日相近,所以,研究人员把与月球公转紧密相关的从新月至满月的半月,与太阳的年周运动(地球公转运动)相关的一年,周期更长的 8.6~18.6 年编为 60~80 个组,进行预报,并运用电子计算机进行复杂的计算,以得出潮汐涨落的时间。

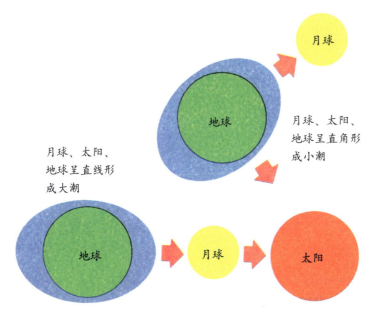

海水涨潮示意图

☆壮观的钱塘潮

钱塘江是指从浦阳江口的闻家堰起至入海口的一段水道，上接富春江，地处杭州城南。钱塘江回流曲折，故又名浙江。在杭州西湖的玉皇山顶上眺望，钱塘江好像一个反写的巨大的"之"字，所以钱塘江又称之江，这"之"字上的一点就是杭州西湖了。

钱塘江上有一种奇特的潮汐现象，这种潮来势汹涌，潮头陡立，犹如一道直立的水墙，奔腾而来，异常壮观。这就是闻名中外的"钱塘潮"。

钱塘潮又名海宁潮。每当潮来时，远处先呈现出一个细小的白点，不一会儿，隐隐起伏成一缕银线，传来一阵阵闷雷般的潮声。转瞬间，白线翻滚而来，像亿万条银白色的带鱼在跳跃追逐，又像千万只海鸥排成长队振翅飞来。顿时，潮声越来越大，仿佛金鼓齐鸣。"八月十八潮，壮观天下无！"宋代诗人苏东坡看了钱塘潮后，写下了这赞美的诗句。

钱塘潮为什么特别壮观呢？这得从潮汐说起。每年春分和秋分日，地球经过黄道和赤道的交叉点，这时候，地球同太阳、月亮的位置，差不多成为一条直线，月亮和太阳对地球上海水的引潮力特别强，形成两分日大潮。秋分潮比春分潮更加汹涌澎湃。原因是：春分时，这里还盛吹着西北季风，阻挡和削弱了春潮前进的势力；而在秋分时，这里盛吹着东南季风，对秋潮起着推波助澜的作用，潮峰就更高了。

另外，钱塘江口的杭州湾像个喇叭，外宽内狭。玉盘洋宽达100千米，到盐官海塘附近只有3千米宽了。因此，海潮一到这里，大量海水涌进窄道，水位猛升，成为涌潮。这时候，钱塘江水排泄不出，更助长了水位的抬升。加上海宁附近江底隆起一条像"门槛"那样的沙坎，潮头跑不快，于是，后浪赶前浪，一浪高一浪，不断迭加，最大的潮位差可达9米。海浪甚至扑上海堤，激起巨大的浪花，浪花四溅，轰声如雷，举世闻名的钱塘大潮就形成了。

钱塘潮

☆什么是大陆架

环绕大陆的浅海地带大陆架又称"大陆棚""陆架""陆棚",是指从海岸起在海水下向海底延伸的一个地势平缓的海床及底土。大陆架范围内海水的深度一般在 20~550 米之间,总面积约占全球面积的 5.3%,约占海洋总面积的 7.5%,几乎所有大陆岸外均有大陆架发育。大陆架的地质结构与相邻的大陆一致,其海底地貌即为原来陆地上的地貌沉于海水之下形成的。大陆架蕴藏着石油、天然气和其他矿物资源。

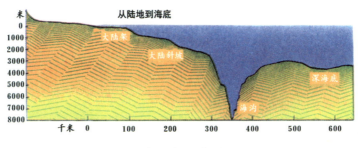

从陆地到海底

大陆架示意图

☆ 海洋能源

海洋是一个巨大的能源宝库,仅大洋中的波浪、潮汐、海流等动能和海洋温度差能、盐度差能等的存储量就已构成了天文数字。这些海洋能源都是取之不尽、用之不竭的可再生能源。

海洋能包括温度差能、波浪能、潮汐与潮流能、海流能、盐度差能、岸外风能、海洋生物能和海洋地热能等 8 种。这些能源是蕴藏于海上、海中、海底的可再生能源,属新能源范畴。所谓"可再生",是指它们可以不断得到补充,永不枯竭,不像煤、石油等非再生能源,储量有限,开采一点就少一点。人们可以把这些海洋能以各种手段转换成电能、机械能或其他形式的能源,供人类使用。海洋能绝大部分来源于太阳辐射能,较小部分来源于天体(主要

海浪

是月球、太阳)与地球相对运动中的万有引力。蕴藏于海水中的海洋能是十分巨大的,其能储量是目前全世界各国每年耗能量的几百倍甚至几千倍。

海洋能具有如下一些特点:

第一,它在海洋总水体中的蕴藏量巨大,而单位体积、单位面积、单位长度所拥有的能量较小。这就是说,要想得到大能量,就得从大量的海水中获得。

第二,它具有可再生性。海洋能来源于太阳辐射能与天体间的万有引力,只要太阳、月球等天体与地球共存,这种能源就会再生,就会取之不尽、用之不竭。

第三,海洋能有较稳定与不稳定能源之分。较稳定的为温度差能、盐度差能和海流能。不稳定能源分为变化有规律与变化无规律两种。属于不稳定但变化有规律的有潮汐能与潮流能。人们根据潮汐潮流变化规律,编制出各地逐日逐时的潮汐与潮流预报,预测未来各个时间的潮汐大小与潮流强弱。潮汐电站与潮流电站可根据预报表安排发电运行。既不稳定又无规律的是波浪能。

第四,海洋能属于清洁能源,也就是海洋能一旦开发后,其本身对环境污染影响很小。

江河湖海交汇处的分色线

在河流与湖泊或海洋的交汇处,往往有一条明显的分色线,这是怎么形成的呢?

原来,大地上每条河流的河水中都含有不同数量的泥沙。一般说来,河水含沙量较高,密度大,湖水中的含沙量则较低,密度也小。当它们交汇在一起的时候,两者的密度差达到一定程度时,含沙量高的河水中的沙粒,由于地球重力的作用就潜入底部流动,自然地形成了好像上下两层水作相对运动。流动速度发生了快慢的差别,于是在交界处出现了明显的一条分色线。不过,要是河水中的泥沙颗粒比较大,在汇合时,由于流动速度降低,颗粒很容易沉降至底部,河水迅速扩散,这就不可能形成明显的分色线了。

还有,现在有的地方环境保护工作做得不好,随便把污水排向河中。由于污水中含有大量的有机物质,密度远远超过河水,混合过程缓慢,颜色对比明显,也同样会在交汇处出现水色不同的分界线。这当然是另外一回事了。

☆ 太平洋是谁给取的名

太平洋这一名称是葡萄牙航海家麦哲伦在环球航行中给取的。

1519年9月20日，麦哲伦率西班牙探险队从塞维尔动身，经直布罗陀海峡，沿大西洋向西，开始环球航行。一年多以后，当他们的船队来到南美洲南端时，突然发现此处海岸陡分

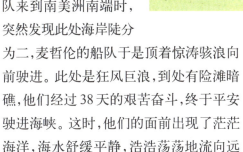

广阔的海岸

为二，麦哲伦的船队于是顶着惊涛骇浪向前驶进。此处是狂风巨浪，到处有险滩暗礁，他们经过38天的艰苦奋斗，终于平安驶进海峡。这时，他们的面前出现了茫茫海洋，海水舒缓平静，浩浩荡荡地流向远方。麦哲伦的船队从南美洲越过关岛，来到菲律宾群岛。此后的航行中，他们再也没有遇到大的风浪。同行的队员兴奋地说："这里真是个太平之洋呀！"这样，后来人们就把美洲、亚洲和大洋洲之间的一片大洋，叫做"太平洋"。

☆ 大西洋的命名

大西洋这一名称最早见于明朝记载。利玛窦来华在进谒明神宗时，自称是"大西洋人"，他把印度洋海域称之为"小西洋"，把欧洲以西的海域称之为"大西洋"。我国明朝年间，东西洋分界，大体以雷州半岛至加里曼丹一线为界，它的西面叫"西洋"，而把日本人称之为"东洋人"。随着人们对欧洲地理概况的了解，于是，改称印

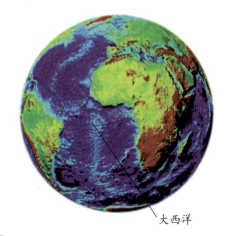

大西洋

137

度洋为"小西洋",而把欧洲以西的海域称"大西洋"。西方世界地理学和地图作品传入我国后,对于AtlanticOcean,我国翻译家颇感到难于译成汉语,于是便以"大西洋"命名,并一直沿用至今。

☆ 印度洋的命名

印度洋古称"厄立特里亚海",这个名字最早见于古希腊著名地理学家希罗多德(约前484~约前425)所著《历史》一书,以及他所编绘的世界地图中,即"红海"之意。

印度洋的得名要比厄立特里亚海晚得多,最早使用此名的人可能是公元1世纪后期的罗马地理学家彭波尼乌斯·梅拉。公元10世纪,阿拉伯人伊本·豪卡勒编绘的世界地图上,也使用了这个名字。而近代正式使用印度洋一名则是在1515年左右,当时中欧地图学家舍奈尔编绘的地图上,把这片大洋叫做"东方的印度洋",此处"东方的"一词是和大西洋相对而言。到了1570年,奥尔太利乌斯所编绘的世界地图集里,把"东方的印度洋"一名的"东方的"去掉,成为通用的称呼。

印度是亚洲的一个国名,可人们单单把它作为大洋的名字,这是什么原因。原来在古时,由于历史条件的限制,人们对整

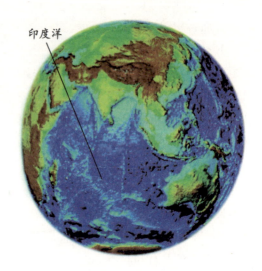

印度洋

个世界的了解还很少。在欧洲人眼中,印度是块富庶的宝地,所谓到东方就是到印度,通往东方的航路也就是通往印度的航路。意大利著名航海家哥伦布的美洲之行,实际上为的是寻找通往印度的新航线,哥伦布曾把在加勒比海中发现的岛屿称之为西印度群岛。葡萄牙航海家达·伽马绕过好望角,穿越广阔的海面,也是要驶向印度。由此看来,印度在欧洲人中印象极为深刻,所以,把通往印度的广阔大海命名为印度洋也是理所当然的了。

☆世界诸海

现在世界上经国际水道测量局公布的海共有54个,它们大部分位于大洋的边缘,也可以认为是洋的一部分,它们约占海洋总面积的11%,分属于太平洋地区、大西洋地区、印度洋地区、北冰洋地区。

属于太平洋地区的有白令海、鄂霍次克海、日本海、黄海、东海、南海、珊瑚海、塔斯曼海、苏禄海、苏拉威西海、班达海、爪哇海、别林斯高晋海、罗斯海和阿蒙森海等。

属于大西洋地区的有波罗的海、北海、加勒比海、地中海、威德尔海、黑海等。此外,在大西洋中部还有一个没有海岸的"海",这就是马尾藻海,它因该海域马尾藻生长茂密而得名。

属于印度洋地区的有红海、阿拉伯海、安达曼海、帝汶海、阿拉弗拉海。

属于北冰洋地区的有格陵兰海、挪威海、巴伦支海、白海、喀拉海、拉普捷夫海、东西伯利亚海、楚科奇海、波弗特海等。

波涛翻滚的海面

其中在南极大陆附近的有罗斯海、别林斯高晋海、威德尔海、阿蒙森海等。

按照海的地理特征,可以把海分为边缘海、内海和陆间海。边缘海位于大陆的边缘,以半岛、岛屿或群岛与大洋分开,如日本海、黄海、东海、北海等。内海四周几乎由陆地包围,只有一个或几个狭窄水道与大洋或邻海相通,如波罗的海、黑海等。陆间海顾名思义处于大陆之间,如地中海、加勒比海等。世界上最大的边缘海是珊瑚海,面积为479万平方千米。红海则是典型的内海,表层繁殖大量的蓝绿藻,因其中的藻红素染红了海面而得名。

☆ 海底石油资源

近40年来海上石油勘探查明,海底蕴藏着十分丰富的石油和天然气资源,据估计海底石油储量约有1300亿吨,而且不断有新的油田被发现。目前世界上已发现的油气田,大都分布在浅海大陆架区。

1896年美国首先在加利福尼亚沿岸的一条木筏上钻探石油。1911年在路易斯安娜和得克萨斯之间的海上建起了第一座

海上油田

木制石油钻探平台。自1922年委内瑞拉在马拉开波湖获得喷油以来,海上石油勘探与开采得到了迅速发展。现在已在全世界发现1600多个海洋油气圈,其中200多个已投入生产,70多个是巨型油田。储量超过1亿吨的特大油田有10个,天然气储量超过1亿立方米的特大气田有4个。10个特大油田中有7个在波斯湾,美国、委内瑞拉、刚果各一个。特大气田中有3个在波斯湾。

我国近海石油资源丰富,据估计石油储量可达50~150亿吨,浅海大陆架上占1/2,可与沙特阿拉伯相匹敌,并可成为东亚重要的海洋石油国。自1964年打出海上第一口油井以来,至今已有100多口油井,获得工业油源的井有30多口。1981年12月与日本合作在渤海打出了一口高产井,日产原油1000吨。

世界海洋之最(一)

世界大洋最深处在太平洋马里亚纳海沟。该海沟的最大深度为11034米。如果把世界最高的山峰珠穆朗玛峰放在这里,还会淹没在水下2000多米处。

世界上最大的海是珊瑚海。它位于澳大利亚东北部,面积为479万平方千米。海中分布着许多大的珊瑚堡礁和环礁,并因此而得名。

世界上最古老的海是地中海。它是古地中海(特提斯海)的残存水域,东西长4000千米,南北宽1800千米,面积约为251万平方千米。

世界海洋中最大的暖流是墨西哥湾流,简称湾流。其流速可达250厘米/秒,主流幅宽约75千米,厚约700多米,最大输水量为1.5亿米³/秒,比世界上所有河流径流总量还大。

☆深海生物种群

过去，人们普遍认为，在200米以下的海水中，阳光照射不到，漆黑一片，因此，不会有任何生物存在。但是，到了20世纪60年代，人们在对深海进行调查时发现，在1000多米的水下生长着一些小型软体动物和甲壳动物。当时，人们对此并没有足够的重视。到20世纪70年代后期，美国科学家在太平洋的东部加拉帕戈斯群岛附近海域进行水下考察时，意外地在海底火山口附近发现了一些过去从未见到过的动物。比如，发现了底栖管形蠕虫，长1.5米，无肠、无肚、无口，还发现了约25厘米长的蛤贝，以及不知名的形似蒲公英的管状水母等。

这些新发现，引起海洋生物学家和动物分类学家的兴趣，他们纷纷前去考察。研究人员发现，由于深海高温、高压的特殊环境，深海生物不仅不同于一般陆地生物，而且也不同于浅海生物。深海生物种群的发现，对探索生命起源具有更大的意义。因为这些菌落能在250℃的高温下生存繁殖，有的还在几个小时内能增殖上百倍，真是令人吃惊。那么在地球和宇宙之中，凡是具备了与深海断裂处相似的环境，是否都应该有生命的存在？今天的海底裂缝处的生态环境，和地球形成之初古海洋的环境是否差不多呢？这些都有待于研究人员去发现。

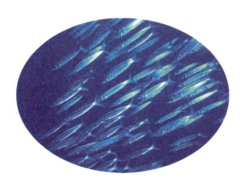

海底鱼类

为什么海水是咸的，而海上的冰却是淡的

我们知道，海水不仅咸而且苦，其原因在于海水中含有大量的盐类，如钠盐、钾盐、镁盐等。

而当结冰的海水溶化时产生的水却是淡的，生活在北极的爱斯基摩人就是靠它作为饮用水的。这又是什么道理呢？原来，海水在结冰时，海水中的纯水从海水分离出来，而把海水中的盐类排斥在外，于是，冰块就变淡了，冰块溶化时的水就是淡水。

海水结冰能排除其他成分的现象启示人们：用冷凝法进行海水淡化。

☆海底锰结核

在世界各大洋2000～6000米水深的海底表层,广泛分布着一种沉积矿物锰结核。这是一种多金属矿物,含有锰、铜、镍、钴等几十种元素,其中锰的含量较高,也叫锰矿球、锰团块。

据调查,世界海底锰结核的总储量约3万亿吨,仅太平洋就有1.7万亿吨。这样丰富的储量还在不断增长,仅大西洋每年就增长1000万吨。当陆地上有关矿产消耗殆尽以后,锰结核就成为取之不尽、用之不竭的奇珍异宝了。这真是大自然赐给人类的财富。锰结核是怎样形成的?这还没有定论。这与奇妙的海洋环境有关,到底是经过怎样一种作用,能加速海水中的元素成矿,也确实是个很吸引人的海洋之谜。

海底蕴含着很多矿藏

☆海底的沉宝

古往今来,不知有多少满载黄金、白金、白银、珍珠、宝石等稀世之宝的遇难船只,默默地沉睡在深邃辽阔的大海中。海洋就像一座座神秘而诱人的金库,吸引

海底沉船

着许许多多敢于冒险的人。

据有关人员统计,有史以来世界上大约沉没了100万条海船。尤以在海战中沉没海底的船舰居多。如发生在公元前480年的古代最大的海战萨拉米斯海战,有1173艘船只参加了战斗。近代最大的海战是1916年的日德兰海战,有252艘战舰参战。经过这样的大海战,损失掉不计其数的舰船。甚至在和平时期每年也要沉没100条海船。只有沉没在近岸浅水区的某些船只被打捞起来了,而从深水海域打捞沉船仅用现代的设备是不可能的。因此无数的珍宝也同沉船一起沉落于海底。

海底有价值数以亿美元计的黄金宝藏。浅水区的珍宝已经被打捞得差不多了。但在更深的水域中，如水深超过60米，潜水用的水肺会失去效用，在这种条件下进行潜水工作是很危险的，若是军舰，舰上的弹药随时可能会引起爆炸。再加上沉没已久的残骸几乎总是长满了珊瑚虫和塞满了淤泥沙土，致使其能见度极差，因此水下作业十分困难和危险，致使大量珍宝仍然沉于海底。

世上有海底村吗

离红海苏丹港不远的海底下13.7米处，有一座举世无双的海底村庄。这个村庄有20余户人家，50余名居民。

原来，这座海底村是科学实验的产物，建于1912年6月20日。当年，西欧一些国家的科学家试图通过试验证明，人类完全可以像鱼类一样长期在海底下生活，倡议建立海底村庄。一位名叫科斯塔的苏丹人自告奋勇参加实验。他带领了一群爱冒险的同伴，志愿"乔迁"至海底生活，并出任该村村长。由于海底下的海水压力非常大，海底建筑物的结构十分独特。屋顶都呈圆锥形，以便分散水的压力，所有横梁和支柱全是特种钢管。房间的布局均呈放射形，客厅居中，卧室围绕着四周，空气、淡水等均通过特种钢管从海面送来。70多年来，室内设备越来越现代化，不仅有电灯、电话，还有闭路电视和空调。

☆ 北冰洋里的财富

北冰洋大致位于北极圈内，被亚洲、欧洲和北美洲环抱。它通过挪威海、格陵兰海和加拿大北极群岛之间各海峡与大西洋相连，并以狭窄的白令海峡沟通太平洋。它的面积是1310万平方千米，只占世界海洋总面积的3.6%，平均深度是1117米，是四大洋中最小、最浅的一个。这里的气候极度寒冷，洋面上漂浮着大量的冰山和浮冰，又有无数冰雪覆盖的岛屿和常年不化的"永冰区"。北冰洋面积的一半几乎都是大陆架，是世界海洋中大陆架最宽广的地方。

这个世界上最寒冷的被冰雪环抱的大洋里，拥有大量的财富。

尽管北冰洋冰封雪盖，寒气袭人，绿藻、褐藻和红藻却依然十分繁茂，一些不惧寒冷、顽强生存的动物也十分活跃，在冰水之间来往出没，嬉戏玩耍的海豹、海狗和海象；身躯庞大，动作灵活，善使谋略的北极熊。它们是海豹的死敌。有趣的是，在北极熊后面常常会尾随着刁钻狡猾的北极狐，准备随时拾拣北极熊美餐之后的残羹冷炙。北冰洋鲱鱼、鳕鱼非常多。此外，这里还有一种罕见的独角兽——角鲸。

除了这些海洋生物资源，还有丰富的矿产资源，是世界上尚未开发的资源。巴伦支海、喀拉海、波弗特海和加拿大北部岛屿及海峡等地，特别是加拿大北部海域、岛屿及其附近海峡区，石油储量达100亿吨之多。在巴伦支海、白海、喀拉海海底，发现有锰结核蕴藏。北极地区的煤、铁储量也很丰富，如前苏联北极地区的煤炭可采储量达707000亿吨，瑞典北极地区的铁矿估计储量有30亿吨。此外，北极地区还有铜、铅、锌、镍、锡、金、铀和石棉等矿藏，等着人类去开采利用。

北冰洋的战略位置也很重要，越过北冰洋的航线是联系亚、欧和北美三洲的捷径。如从莫斯科到纽约，经北冰洋比横越大西洋缩短近1000千米的距离。但在北冰洋上空飞行，必须克服浓厚烟雾和暴风雪等恶劣的气候条件。

在海上航运方面，北冰洋航路是连接

大西洋和太平洋两部分最短的路线。如从圣彼得堡到符拉迪沃斯托克（海参威），走北冰洋航线只需14280千米，而走

北极熊在水中觅食

另一条航线则需23200千米。北冰洋密布冰山和浮冰，给水面航行造成许多困难，但对核动力潜艇却非常有利。潜艇可以利用浮冰作遮蔽，长期潜在海底，不易被飞机和卫星发现。

北冰洋海域，还有一个非常美丽的自然景象——极光。极光之美，许多人都描述过：在无涯的冰原上，突然升起千堆万堆火，五彩缤纷的火焰一下照亮半边天，有时呈弧状，悬挂在半空，有时像绿色的帷幕，从宇宙的舞台上缓缓垂下。这美丽的景象，似乎给寒冷的北冰洋带来了一丝暖意。

世界海洋之最(二)

世界海潮潮差最大的海湾是芬迪湾。它位于大西洋西北部,在北美洲加拿大东南沿海。湾长150多千米,湾口宽50多千米,面积为9300平方千米,平均深度为75米,最大深度为214米。芬迪湾形状狭长,口大顶小,呈喇叭形,便于潮波能量的积聚和水位升高,它的最大潮差可达21米。

世界上最长的海峡是莫桑比克海峡,其长度为1760千米。

世界上每年通过船舶最多的海峡是英吉利海峡。它位于英国和法国之间。

世界上最大的群岛国家是印度尼西亚。它地跨赤道两侧,在太平洋与印度洋之间。它由近13700个大小岛屿组成,海岸线长达35000千米,国土面积为190多万平方千米。

☆海水为何有不同的颜色

海水对于各种光线的吸收是有选择的,不同深度的海水,吸收不同波长的光线。光线里的红橙色长光波,海水吸收得多,但反射得少,对短波部分的蓝青色光波,海水吸收得少,却反射得多。这样,映入人们眼帘的海水就成了蔚蓝色。

在阿拉伯半岛和非洲东北部之间,有一个狭长的海域,海水呈现殷红色,这就是有名的红海。

据科学家研究,这是因为那里的海水温度和盐度都比一般海水高,非常适合一种叫蓝绿藻的海藻生长繁殖。这种藻类的名字虽然叫蓝绿藻,然而它却是一种红色的海藻,它在这特有的暖水环境里繁殖生长,年复一年,它细胞里的藻红素就把海面染成了红色。

在欧洲东南部和小亚细亚之间有一个内海,那里却又是另一番景象:海水的颜色是黑色的。这就是世界上最大的内海——黑海。

原来,黑海的地形和其他海区不同,它几乎成了一个孤立的海盆。上层水温较

广阔的大海

高,且堆积着大量的淡水。而200米以下的海水层里,却是温度低,盐度大,上下层之间形成了一个屏障,叫做密度跃层,它使得上下层海水不能发生交换,处于跟外界隔绝的下层海水,氧气奇缺,加上硫细菌的作用,高浓度的硫化氢气体把海底淤泥染成了黑色。这就是在海边或海上看黑海是黑色的,而海水却是无色透明的原因。

☆海水为何大多呈蓝色

乘船在大海上遨游,蓝蓝的海水,蓝蓝的天空,极目远眺,令人心旷神怡。如果有意打桶海水,放在碗中,则海水也同普通水一样,是无色透明的。为什么海水在海洋中看上去是蓝色的呢?原来,这是由海水对光线的吸收、反射及散射作用所造成的。太阳射到海洋表面的可见光有红、橙、黄、绿、靛、蓝、紫7色。海水很容易吸收波长较长的光,如红光、橙光、黄光。这些光射入海水后,绝大部分被海水吸收。而绿、靛、蓝、紫等波长较短的光,碰上海水分子或其他微粒阻挡,会发生不同程度的散射和反射。其中蓝色和紫色最易被散射和反射。又由于人们的眼睛对紫色光很不敏感,往往视而不见,而对蓝色的光比较敏感。这样,海水看上去便成蓝色的了。当然,海水的颜色也受到其他因素的影响。当海水含有大量泥沙时,便会呈现出黄色。如果含有大量的红

碧蓝的海水透明度很高

色藻类时,便会呈现出红色。遇到阴雨天气,海面上的蓝色甚至会消失。

碧海蓝天

☆条条河流都流进大海吗

在彩色地形图上,蓝颜色表示地球表面的水:海洋、湖泊、河流。河流是用蓝色的线条画的,大部分细细的线条,渐渐并成一条粗线条,通向海洋。也有些蓝线条,并不通向海洋,而是消失在沙漠里,或注入到一些内陆湖中。这种不通向海洋的河流

不管是内陆河,还是流向大海的河,很多都是源于冰川融化。

叫内流河(也叫内陆河)。我国西部地区就有很多内流河,所以并不是每条河流都流入大海。

为什么我国西部的河流,不流进大海里去呢?其主要原因有两个:一是降水稀少,河流水量小;二是山脉阻挡了河流流入大海的通路。

我国西部地区离海很远,海洋的湿润

空气不容易来到这里。空气里的水蒸气含量小,很难凝结成云,因此很少下雨和下雪,雨雪稀少,地面上的水就少,河流的水来源自然就少。为河流提供水源的,还有地下的泉水。可是泉水也是地面上的水渗到地下形成的,天上降水少,泉水也就少了。

西部地区高山降雪量较多,夏季的冰雪融化,成为内陆河的主要水源。但水量毕竟小,山麓一带的灌溉还要用水,汇进河里的水就不多了。再加上西部地区有许多巨大的盆地,盆地周围高山环抱,而河流水量小,力量很弱,没有力量穿过高山,流进海洋。这些因素都使得西部地区的河流不流入海洋。

南极冰山融化

147

☆冰 山

冰山就是漂浮在海面上的冰块吗？并不完全正确。一般说来，由海水直接冻结而成，冬生夏融的块状冰，不是冰山，这种块冰厚度只有1米左右，年龄也在2年左右，与冰山的差距很大。那么冰山到底是什么？我们先从南极冰盖谈起。

南极大陆是地球上最冷的大陆，气候寒冷，常年飘雪。由于受到太阳光的照射很少，这些轻飘飘的雪花不会融化，而是越积越厚，越积越沉。几千年、几万年过去了，雪花之间不断地挤压，由雪变成了冰。这些冰也越积越厚、越积越沉，开始从南极陆地上下滑，这一阶段我们称之为冰川，待到冰川完全脱离南极大陆时，冰山就产生了。所以说冰山不是普通的冰块，而是从南极大陆上脱离出来，由雪变成的冰形

成的。每年在洋面上漂荡的冰山大约有33万座，体积不等，大的直径可达到1千米以上，而小的只有几十米。目前发现的最大冰山是"拉松185"，长约95千米，宽约80千米，厚约200米，重有15亿吨，它自1986年从南极大陆滑落以后，以每小时3千米的速度向南美大陆漂去。

由于水比冰的密度大些，所以在海面漂浮的冰山是2/3在水下、1/3露在水面的，顺着海流、风向漂流。但大部分冰山都在南极圈以内漂游，只有少数能漂到南纬35°附近，个别的漂到赤道热带地区，然后就融化了。在航海上，尤其是远洋航海，最忌讳的就是碰上冰山。上面提到冰山只有1/3露在水面，夜间航海不易发现，这给航海家带来许多困难。著名的"泰坦尼克号"海难，就是冰山导致的。1912年，英国豪华客轮泰坦尼克号乘载2200多名乘客和海员入海，但在航海过程中碰上了冰山，并被撞漏，该客轮沉入冰海，这次海难死亡者多达1503名，仅704人获救，构成了20世纪航海史上最悲惨的一幕。所以有人称冰山是妨碍海上

北极冰山融化

航行的恶魔。

但在另一方面,冰山也为我们人类带来了福音。在地球上淡水资源日益匮乏的时候,科学家发现,在冰山内蕴藏着丰富的淡水资源,并且可以直接供人类使用。对于沙漠干旱地区的居民来说,冰山又成为人们必需的饮用水,对于浩瀚无垠的沙漠来说,冰山又是变沙漠为绿洲的法宝。所以目前科学家正在研究冰山的运行规律,试图把这珍贵的自然资源用于造福人类的事业。

☆地球上最大的冰块——罗斯冰架

罗斯冰架是一个巨大的三角形冰筏,几乎塞满了南极洲海岸的一个海湾。它宽约800千米,向内陆方向深入约970千米,是最大的浮冰,其面积和法国相当。该冰架是英国船长詹姆斯·克拉克·罗斯爵士于1840年在一次定位南磁极的考察活动中发现的。他们在坚冰中寻觅途径,来到外海时便碰见一座直立的、高出海面50~60米的冰崖。该冰崖挡住了他们的去路。由于冰崖的存在,一部分海岸线是一条连续不断的悬崖线,在其他地方则有海湾和岬角。冰的厚度在185~760米之间变化。罗斯冰架像一艘锚泊很松的筏子,正以每天1.5~3米左右的速度被推到海里,部分原因是冰川从陆地流出。大块的冰从冰架脱离,形成冰山后浮去。罗斯冰架的峭壁在此处高出海面约30米。

埃里伯斯火山(约3795米)是南极洲的最高山,同时也是世界上最高的活火山。1911年挪威和英国两个国家的探险队竞赛谁最先到达南极,罗斯冰架是此举的极点。罗尔德·阿蒙森率队从鲸湾出发,而罗伯特·法尔孔·斯科特则从罗斯岛出发。冰架在罗斯岛与大陆连接处,离南极约100千米远。结果阿蒙森获胜,他比斯科特先一个月到达南极。

罗斯冰架

世界海洋之最（三）

世界上最大的岛屿是格陵兰岛。它位于北美洲的东北，面积为217.56万平方千米。全岛约85%地面终年为冰雪覆盖，平均厚度近1500米，是仅次于南极洲的现代大陆冰川。

世界上最大的船舶类型是油轮。油轮是专门用于运输石油、成品油及其衍生物的船舶。一般原油油轮的载重量都在数万吨以上，超级油轮的载重量达28万吨左右。"海上巨人"号油轮的载重量为555843吨，是目前世界上最大的超级油轮。

全球台风最易生成、强度最大的海区是西北太平洋。发生在这个海区的台风占全球台风的1/3，强度也最大。西北太平洋沿岸国家，如中国、菲律宾、越南和日本，受台风袭击的次数较多。

☆为何我国北方多海滨旅游胜地

我国有许多海滨旅游胜地分布在北方沿海地区，如大连、北戴河、秦皇岛、青岛等。这是什么原因呢？

原来，这些旅游城市的海滨海岸线都较为平直，加上港湾岬角大，使那些波浪侵蚀物和入海河流带来的大量较粗的沙砾容易沉积下来。时间一久，就形成了大面积成片的自然沙滩。一个理想的海滨旅游胜地，是少不了连成片的大面积沙滩的。

而在南方，由于海岸线较为曲折，沿海又有较多的岛屿分布，那些波浪侵蚀物和入海河流带来的泥沙较难沉积，故而难以形成大面积的沙滩。

此外，气候也是一个因素。我国北方雨水较少，入海河流的流量小，对入海口海域的海水冲淡作用不明显，使海滨空气中

青岛海滨海水浴场

的碘、碳酸钠等的浓度适合人们的疗养休息。因此，人们大多喜欢到气候适宜、视界开阔、空气清新的北方海滨旅游胜地观光、疗养。相对来说，我国南方雨水充沛，河流水量大，对入海口海域的海水有明显的冲淡作用，海滨空气中的碘、臭氧、碳

酸钠等的浓度就较低。

当然,我国南方不少海岸也有大面积

沙滩,这是由当地特殊的地理环境造成的,目前已逐步开辟为旅游区。

世界海洋之最(四)

亚洲最大的修船基地在新加坡港。它拥有40万吨级的巨型旱船坞和两个30多万吨级的旱船坞,可以修理世界上最大的超级油轮,能同时修理总吨位达200万吨的船舶。

世界载人潜水器深潜的最大深度是6000米。1990年日本海洋科学技术中心研制的"深海6500"号载人深潜器就能达到这一深度,它可以遨游世界

大洋98%的海区。

目前世界上最大的近海石油生产国是沙特阿拉伯。它生产的石油占世界近海石油产量的22%～23%。

世界上最大的海水淡化装置建在沙特阿拉伯。这是一种反渗透海水淡化器,日产淡水5.68万吨,是1989年日本三菱重工建造的。

☆ 海洋环境污染

海洋是一个受各种物理、化学和生物过程制约的复杂系统。在近代工业革命出现的大规模资源开发活动到来之前,人类活动对海洋的影响很小,海洋可被看作是一盆能保持自身物质与能量动态平衡的"净水"。随着近代人类资源开发水平的不断提高和全球人口的不断增加,生产和生活过程中产生的废弃物和多余能量源源不断地排放到自然环境之中。上述物质与能量的绝大部分最终直接或经江河及大气间接进入海洋。这些额外物质与能量的输入,使得海洋(尤其是那些靠近陆地的沿岸水域)水体中往日的物质组成和能量分布的平衡关系受到影响或遭到破坏,不仅

海水的表面(如色、味等)出现变化,生活在海洋中的生物更是深受其害。由此,我们说海洋环境受到了污染。那么,如何科学地定义海洋环境污染呢?根据联合国教科文组织政府间海洋学委员会所下的定

海水污染

义,海洋环境污染是指"人类直接或间接地把物质或能量引入海洋环境,其中包括河口湾,以致造成或可能造成损害生物资源和海洋生物、危害人类健康、妨碍包括捕鱼和海洋的其他正当用途在内的各种海洋活动、损害海水使用质量和减损环境优美的有害影响"。

人类生产、生活过程中产生的废弃物质以固态、液态和气态三种方式进入海洋。据初步估计,每年流失入海的石油约1000万吨,海洋每年要吸收25000多吨氯联苯、25万吨铜、390多万吨锌、30多万吨铅,每年约有5000吨汞最终进入海洋,留存在海洋中的放射性物质约2000万居里。据此,海洋环境已受到了污染。

鸟在污染的海水里

☆厄尔尼诺

厄尔尼诺是一种气候现象,属于海洋与大气系统的重要现象之一。它的出现,会给全球带来灾害性天气。

厄尔尼诺引起的火灾

"厄尔尼诺"一词源于西班牙语,是"圣婴"的意思,因这种现象一般出现在12月25日圣诞节前后,故此得名。相传,很久以前,居住在南美洲西海岸秘鲁和厄瓜多尔以西海岸一带的古印第安人,很注意海洋与天气的关系,他们发现,有些年圣诞节前后,附近的海水温度比周围海域高很多,之后不久,便会天降大雨,并伴有海鸟结队迁徙等怪现象发生。古印第安人理解不了这种自然现象,因其常出现在圣诞节前后,便称之为"圣婴"。

科学家们经过研究认为,厄尔尼诺之所以会造成全球气候异常,是因为就整个全球大气环流来说,其总的热源是赤道带,因为这里每年接受的太阳辐射要比极地高1.4倍,这样就造成了以赤道为"动力"的全球大气环流运动,在这个运动过程中会在不同地区形成暑、寒、温、风、雨、雪等各种不同天气,这就形成了全球各地相对稳定的各种气候带。而厄尔尼诺的出现恰恰会不同程度地影响这种稳定。这股暖气流较强时,能沿南纬15°流动上万千米,促使全球大气环流节奏加快,使全球相对稳定的气候变得异常。

☆ 大气的组成

大气是由一层很厚的无色、无味的气体组成的,既看不见,又摸不着,它的组成是非常复杂的。

大气并不是一种单纯气体,而是由很多种气体混合组成的。一种是看不见的空气;一种是很活泼的水汽;另外还有混合在它们中间的灰尘杂质。

空气是组成大气的主要成分,它是由氮、氧、氩和二氧化碳等气体混合组成的,其中氮和氧加在一起,就相当于整个大气的99%以上。人们的呼吸,植物制造营养物质,都需要它。可是它在气象上的作用并不十分显著。水汽在大气中变化性最大,随着大气冷热的变化,它可以变成水滴,也可以变成冰滴;有时可以增加到很多,我们用肉眼就可以看到它,有时可以减少到很少,甚至一点都没有。云和雨就是水汽增加到一

大气环流的形成和运动

地球表面的大气环流通过赤道的热空气和极地的冷空气相互进行空气交换。但它们之间并非直接进行交换,仔细观察的话,如图所示,在赤道和极地之间有三个空气的流动变得很复杂。

定程度时凝结下沉而成的。灰尘杂质种类很多,有的是从烟囱里冒出来的烟粒,有的是由海水浪花卷入高空经过蒸发(水变成水汽的过程)剩下来的固体,也有的是从道

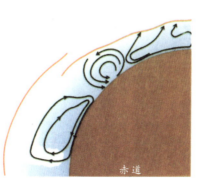

大气环流和运动

路上或庭院内飞起的尘土。

对于空中的灰尘，人们总是讨厌它，但是它在大气的变化过程中却起很大的作用。如果没有这些小东西，水汽没有凝结的核心，就不会结成水滴，天空就不会产生云、雨。所以，灰尘杂质在大气变化过程中的重要性，并不低于其他成分。但是，大气中的灰尘杂质过多，也会对环境造成污染，这是需要防止的。

☆大气压的测量

气压和水压一样，是指我们头顶上的空气重量。一般来说，地面的一个气压在水银柱上就等于760托，相当于10米高的水柱。人们习惯用1000毫巴单位来表示这个压力，即每平方米大气就有10吨的压力。但是，由于四面八方的压力直接抵消了这种压力，所以，压力不仅不会把我们压扁，相反还能对我们的身体起到保护作用。

气压的大小与高度和温度等因素有关，一般气压随高度的增高而减小。例如，假设富士山顶上的气压是地面气压的2/3，那么，在同温层高度上的气压就只有地面气压的1/5了。因此，登山时常会出现头晕现象，严重的还有可能患高山病。高山病是人体在高山缺氧时所表现出来的一种不适应。把各地的气压值换算成海面高度标在地图上，然后连成等压线，这就是我们所说的天气图。高层天气图还标有500或700毫巴的等压面高度分布。

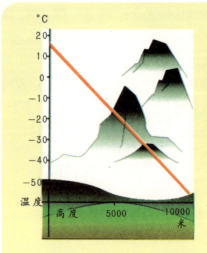

温度随高度而变化的情况

热带低压与台风有什么不同

我们把热带低压中心附近的风速超过17米的风称为台风。因此，台风也是热带低压的一种。热带低压也叫热带气旋。

热带低压有几种，除了形成台风的南洋海域热带低压外，还有形成飓风的墨西哥湾热带低压和形成旋风的印度洋热带低压。但无论哪一种热带低压，都是在热带海洋上生成的含有大量水蒸气的上升气旋。

热带低压在气压图上表现为：气压值相等各点的连线即等压线，是看不到锋面的低气压。台风从台湾附近海面向东北方向移动，在夏秋季节里常在日本沿岸登陆，变成温带气压。由于北方的空气比南方的空气冷，所以，台风一进入温带地区，等压线的形状就往外侧倾斜，温带气压就变成了有锋面的低气压了。